Ludwig Wenzl

SIMATIC S7® – STEP 7®
Praxistraining

westermann

Diesem Buch wurden die bei Manuskriptabschluss vorliegenden neuesten Ausgaben der DIN-Normen, VDI-Richtlinien und sonstigen Bestimmungen zu Grunde gelegt. Verbindlich sind jedoch nur die neuesten Ausgaben der DIN-Normen, VDI-Richtlinien und sonstigen Bestimmungen selbst.

Die DIN-Normen wurden wiedergegeben mit Erlaubnis des DIN Deutsches Institut für Normung e.V. Maßgebend für das Anwenden der Norm ist deren Fassung mit dem neuesten Ausgabedatum, die bei der Beuth-Verlag GmbH, Burggrafenstraße 6, 10787 Berlin, erhältlich ist.

Dem Buch liegt eine Demo DVD der Siemens AG bei. „**STEP 7 Professional, Edition 2006 SR5, Trial License**" umfasst: STEP 7 V5.4 SP4, S7-GRAPH V5.3 SP6, S7-SCL V5.3 SP5, S7-PLCSIM V5.4 SP2 und ist 14 Tage zu Testzwecken nutzbar.

Die Software ist nur unter Microsoft Windows XP Professional Edition SP3 oder Microsoft Windows Vista 32 Business oder Microsoft Windows Vista 32 Ultimate ablauffähig.

Weitere Informationen erhalten Sie im Internet unter
«http://www.siemens.de/sce/promotoren»
«http://www.siemens.de/sce/module»
«http://www.siemens.de/sce/tp»

---

3. Auflage, 2008
Druck 4, Herstellungsjahr 2011

© Bildungshaus Schulbuchverlage
Westermann Schroedel Diesterweg Schöningh Winklers GmbH, Braunschweig
www.westermann.de

Redaktion: Armin Kreuzburg
Druck und Bindung: westermann druck GmbH, Braunschweig

ISBN 978-3-14-**231226**-2

VORWORT

Der Einsatz speicherprogrammierbarer Steuerungen ist heute in den meisten Produktionsabläufen Stand der Technik.

Dies liegt zum einen an einer stetigen Zunahme der Komplexität und Geschwindigkeit von Automatisierungsprozessen. Zum anderen rückt neben den eigentlichen Steuerungsaufgaben auch immer mehr der Aspekt der Visualisierung und Dokumentation von Prozessen in den Mittelpunkt.

Speicherprogrammierbare Steuerungen können mittels genormter Bus-Schnittstellen im Verbund mit verschiedensten Systemen Daten austauschen, was sie zur Erfüllung der oben genannten Anforderungen auszeichnet.

Sie werden bevorzugt dort eingesetzt, wo standardisierte Steuergeräte mit hoher Betriebssicherheit – auch bei ungünstigen Umgebungsbedingungen – benötigt werden.

Vom Fachpersonal (z. B. Mechatroniker(in), Elektriker und Elektroniker) wird häufig verlangt, Anlagen mit speicherprogrammierbaren Steuerungen zu installieren, abzuändern und zu warten.

Das vorliegende Buch beabsichtigt, Fachkräfte aus der Praxis sowie Studenten und Auszubildende rasch an Aufbau und Programmierung von SIMATIC S7-Geräten heranzuführen.

Auch Programmierern, die bereits Erfahrung mit Software anderer SPS-Hersteller haben, wird die Lektüre den Umstieg auf STEP 7® erleichtern.

In der betrieblichen Praxis wird vom Wartungspersonal häufig verlangt, Hardwarekomponenten auszutauschen bzw. hinzuzufügen und Hardwarefehler in der Anlage zu suchen. Daneben soll der Praktiker Programmteile ergänzen bzw. abändern. Für ihn kommt es oft darauf an, sich schnell in vorhandenen Programmen zurechtzufinden, weniger diese vollständig zu erstellen. Er wird jedoch selbstständig kleinere Programmeinheiten entwerfen und testen.

Mit diesen, eben erläuterten Intentionen wurden die Inhalte für dieses Buch ausgewählt und nach der Übersicht auf Seite 6 gegliedert.

Die Informationsebene (Kapitel 1-3) verschafft dem Einsteiger einen kurzen Einblick in die Merkmale moderner Steuerungstechnik. Anwendungsbezogene Hardware-Grundlagen erläutern die einzelnen Komponenten von S7-Automatisierungssystemen, die zu späteren Zusammenstellungen (Konfiguration/Kapitel 4) auf der Praxisebene benötigt werden.

Die Softwaregrundlagen geben eine Einführung in die Darstellung und Struktur von Anwenderprogrammen für SPS-Geräte. Diese Kenntnisse werden bei der späteren Erstellung von Programmbausteinen (Kapitel 5) benötigt.

Anwender anderer SPS-Software können gleich in der Praxisebene einsteigen, wo der Umgang mit dem Programmpaket STEP 7® (Vers. 5.3) anhand zahlreicher Beispiele und Übungen trainiert wird.

Die Diagnosefunktionen ermöglichen die Fehlersuche im „laufenden Betrieb" einer Anlage/Maschine.

Der Umgang mit diesen Werkzeugen stellt zweifelsohne eine wichtige Qualifikation für die Fachkraft bei Wartungs- und Inbetriebnahmearbeiten dar.

In Kapitel 7 wurde eine Auswahl der häufigsten Befehle und Operationen von STEP 7® auf Grundlage der Siemens Original-Handbücher vorgenommen.

Die Aufgaben am Ende jedes Kapitels und die Programmieraufgaben zum Abschluss zielen darauf, den Lernenden zu problemlösendem Denken anzuhalten.

Nach Prof. Schelten (TU München) läuft „Lernen in vollständigen Handlungen" folgendermaßen ab:

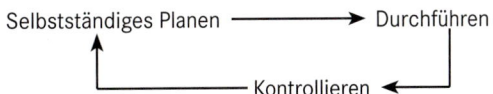

Gerade die Programmierung von SPS-Geräten bietet dem Lernenden die Möglichkeit, in dieser Abfolge vorzugehen, um seine Kenntnisse möglichst effektiv und dauerhaft zu erweitern.

Um die selbst entworfenen Programme auch zu kontrollieren, empfiehlt es sich, das Zusatzpaket PLCSIM (siehe Kapitel 6) auf dem Rechner zu installieren oder – noch besser – den PC mit einem lauffähigen Automatisierungssystem (SIMATIC-S7 Gerät) zu verbinden.

Die vollständig überarbeitete 3. Auflage wurde um das Kapitel 8 (Bustechnik) erweitert. Hier wird ein Überblick über die am weitesten verbreiteten Bussysteme der Automatisierungstechnik gegeben.

Neu ist auch die umfangreiche Sammlung von Programmieraufgaben in Kapitel 9. An praxisgerechten Beispielen können hier die erworbenen SPS-Kenntnisse überprüft und vertieft werden.

Autor und Verlag   Braunschweig 2010

Inhaltsverzeichnis / contents

Inhaltsverzeichnis / contents

Konzeption des Trainingsbuches

INFORMATIONSEBENE

KAPITEL 1

Einführung in die Steuerungstechnik

– Prinzipieller Steuerungsvorgang
– Unterscheidungsmerkmale von Steuerungen

KAPITEL 2

Anwendungsbezogene Hardware-Grundlagen

– Baugruppentypen und -daten
– Baugruppenanordnung
– Baugruppenadressierung
– Speicherarten

KAPITEL 3

Softwaregrundlagen

– Programmdarstellung
– Grundverknüpfungen
– Bausteintypen
– Programmstruktur
– Programmbearbeitung

PRAXISEBENE

KAPITEL 4

Anlegen von Projekten Hardwarekonfiguration

– Hinzufügen von Baugruppen
– Abändern von Baugruppen
– Kopieren und Abändern von Projekten

KAPITEL 5

Erstellen und Übertragen von Anwenderprogrammen

– Erstellen von Programmbausteinen
– Übertragen in die SPS
– Urlöschen der SPS

KAPITEL 6

Diagnosefunktionen (Beobachten und Testen)

– Programmstatus
– Variablentabellen
– Simulationssoftware PLCSIM

KAPITEL 7

Befehlsvorrat der Programmiersprache STEP 7® (Kompendium der Grundbefehle)

KAPITEL 8

Bussysteme in der Automatisierungstechnik
– AS-i-Bus
– Profi-Bus
– Profi-Net

KAPITEL 9

Programmieraufgaben Anwendung von
– Grundverknüpfungen
– Merkern
– Speicherbefehlen
– Zeitfunktionen
– Zählern

1.1 Merkmale einer Steuerung

Unter „Steuern" versteht man in der Technik den Einsatz von Hilfseinrichtungen, die einen Prozess relativ selbstständig nach einem vorgegebenen Programm ablaufen lassen.

Meist haben Steuerungen die Aufgabe, in einem System Energie- oder Materialflüsse zu leiten.

Beispiele:

– Transportsteuerungen in automatischen Lagern

– Steuerung von Werkzeugmaschinen

– Steuerung von Anlagen der Getränke-/Lebensmittelindustrie

– Steuerung von Wasch-/Geschirrspülmaschinen

– ...

Bei Steuerungsvorgängen findet jedoch – im Gegensatz zu Regelungsprozessen – keine Rückkopplung der Ausgangsgröße (Steuergröße) statt.

Deshalb ist auch kein Soll-Ist-Vergleich möglich. Der Wirkungsweg in der sog. Steuerkette ist nicht geschlossen.

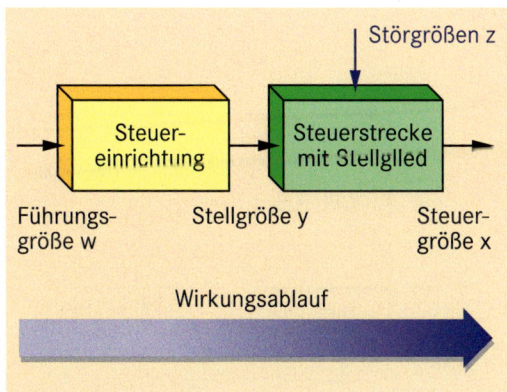

1: Steuerkette mit „offenem Wirkungsablauf"

 Steuern ist ein Vorgang in einem System, bei dem eine oder mehrere Eingangsgrößen die Ausgangsgrößen aufgabengemäß beeinflussen. Typisch für eine Steuerung ist der offene Wirkungsablauf (DIN 19226).

Greifen an der Steuerstrecke Störgrößen **z** an, so bewirken diese eine Abweichung der Steuergröße **x** vom beabsichtigten Führungsgröße **w**.

Da diese Abweichung – wegen der fehlenden Istwerterfassung – nicht erkannt wird, kann auch kein Ausgleich der Störung erfolgen.

Im System liegt eine Sollwertabweichung vor, die evtl. Bedienereingriffe notwendig macht.

1.2 Unterscheidungsmerkmale von Steuerungen

Steuerungen können sich in ihrer technischen Ausführung in vielfältiger Weise unterscheiden.

Als gröbstes Unterscheidungsmerkmal kann die **Art der Hilfsenergie** dienen:

– Mechanische Steuerungen (z. B. Pendel-Uhr)

– Pneumatische Steuerungen

– Hydraulische Steuerungen

– Elektrische/elektronische Steuerungen

Weiterhin können Steuerungen nach der **Art der Signalverarbeitung** unterschieden werden.

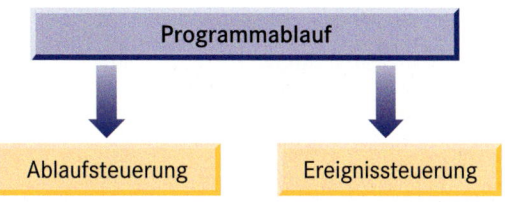

Die Ablaufsteuerung arbeitet das Programm stets in einer vorgegebenen Reihenfolge ab (z. B. Produktionsvorgänge). Die Ereignissteuerung reagiert flexibel (z. B. Aufzugssteuerung).

Elektrische Steuerungen lassen sich grob in zwei Gruppen einteilen:

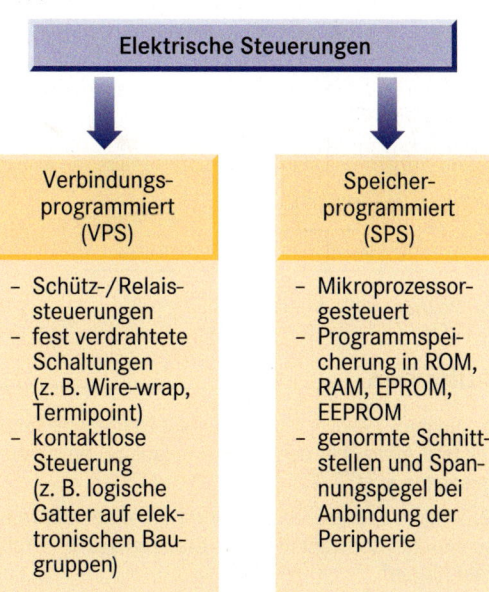

1.3 Vergleich VPS – SPS

Bei verbindungsprogrammierten Steuerungen ist die Steuerfunktion (Programm) durch die Art der Verdrahtung realisiert.

Eine Änderung des Steuerablaufes führt deshalb fast immer zu einer Schaltungsänderung, was kosten- und zeitintensiv sein kann.

Bei SPS-Steuerungen werden alle Geber (Sensoren) und Stellglieder (Aktoren) der Reihe nach an die Steuerung angeschlossen. Eine bestimmte Schaltungslogik ist hierbei nicht zu beachten.

Die Zusammenschaltung zwischen Sensoren und Aktoren wird vom Programm realisiert.

Deshalb ist bei Funktionsänderungen ein Hardwareeingriff in den meisten Fällen nicht erforderlich.

Aus dem Beispiel in Abb. 1 sieht man, dass Hilfskontakte nicht notwendig sind, da diese über das Programm realisiert werden können.

Vorteile speicherprogrammierbarer Steuerungen gegenüber konventionellen Steuerungen:

- Geringerer Aufwand bei Schaltungsänderungen (Umprogrammieren statt Umverdrahten)
- platzsparender und preisgünstiger Aufbau
- Programme beliebig kopierbar
- schneller Programmdurchlauf, kurze Reaktionszeiten
- wartungsarm, kein mechanischer Verschleiß
- leichte Anbindung an andere Systeme (Bustechnik)
- Visualisierung der Daten (Displays, Monitore)
- Speicherung und Auswertung von Daten durch angeschlossene IT-Systeme

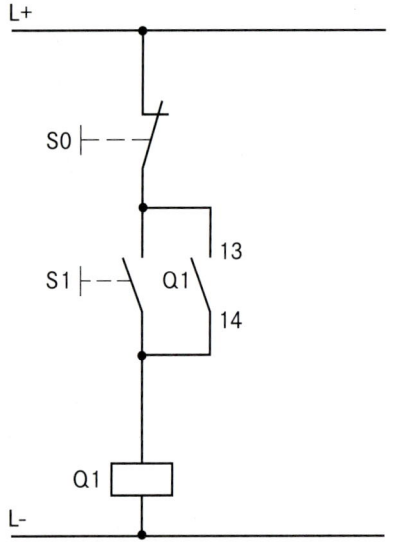

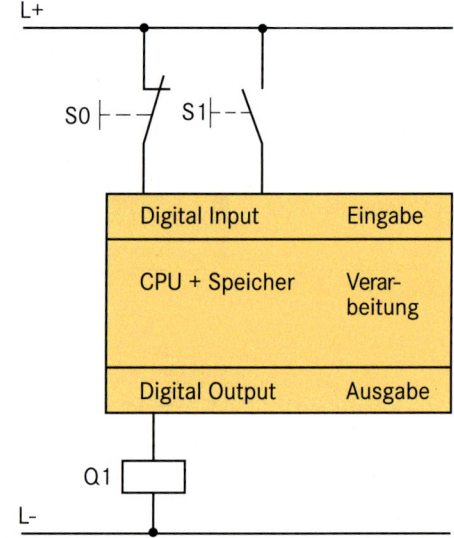

1: Steuerung VPS – Steuerung SPS

Aufgaben

1. Nennen Sie drei Anwendungsbeispiele aus Technik und Alltag, bei denen eine Ablaufsteuerung eingesetzt wird (z. B. Autowaschanlage).

2. Welche Störgrößen z können bei einer Bohrmaschine zur Schwankung der Steuergröße (= Drehzahl führen?

3. Weshalb erübrigen sich in SPS-Anlagen sog. „Selbsthaltekontakte"?

4. Nennen Sie jeweils drei Beispiele für
a) mögliche Geber (Sensoren) auf der Eingangsseite einer SPS,
b) mögliche Stellglieder (Aktoren) auf der Ausgangsseite einer SPS.

5. In einer Produktionsanlage sollen bestimmte Betriebsdaten (z. B. Stückzahlen, Positionen ...) auf Monitoren visualisiert werden. Weshalb sind hierbei SPS-Geräte gegenüber konventioneller Steuerungstechnik vorzuziehen?

2.1 Aufbau von Automatisierungssystemen

Automatisierungs**S**ysteme (AS) sind modular erweiterbare Mikrocontrollersysteme.

Sie verfügen über eine eigene CPU und ein eigenes Betriebssystem.

Das Steuerprogramm wird in der Zentralbaugruppe gespeichert und abgearbeitet. Signalbaugruppen empfangen externe Steuersignale bzw. geben diese aus.

Die wesentlichen Komponenten eines Automatisierungssystems (AS) sind:

- Spannungsversorgung   (PS = **P**ower **S**upply)
- Zentralbaugruppe CPU   (**C**entral **P**rocessing **U**nit)
- Eingabe-Baugruppen   (DI = **D**igital **I**nput/SM321) } Signalbaugruppen
- Ausgabe-Baugruppen   (DO = **D**igital **O**utput/SM 322) } (SM = Signal Modul)

Aufbau eines Automatisierungssystems

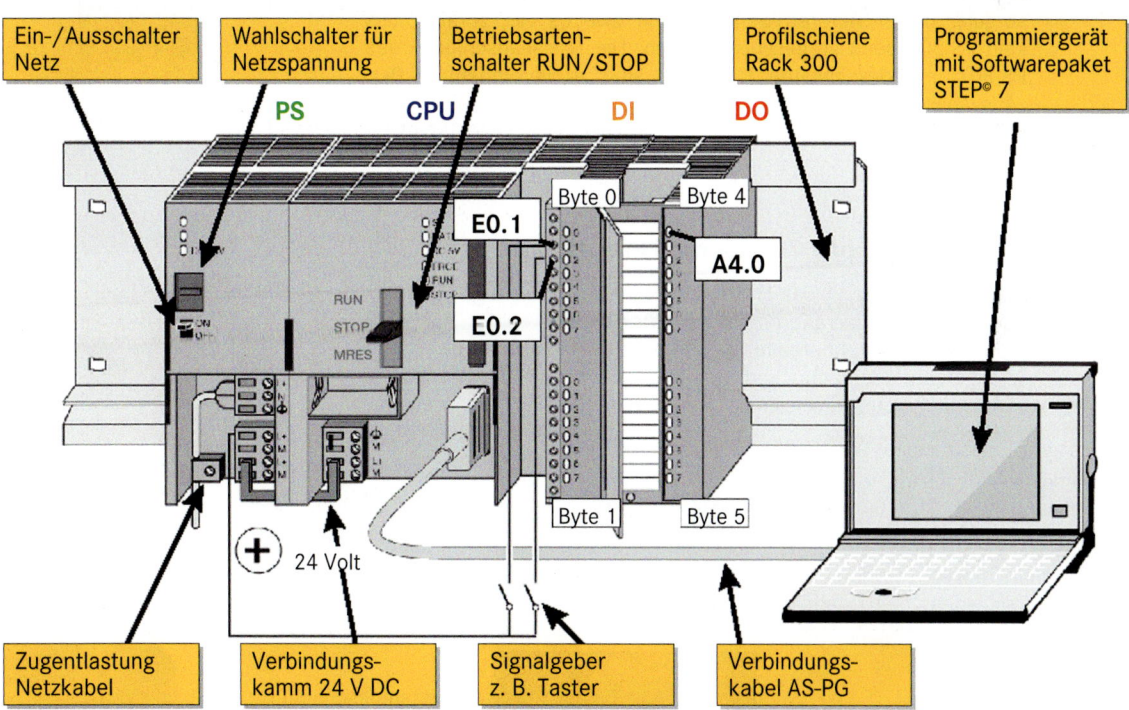

Die oben genannten Baugruppen müssen mindestens vorhanden sein, damit die SPS Steuerungsaufgaben ausführen kann.

Daneben gibt es eine Vielzahl weiterer Baugruppen:
z. B.   – Analog-Baugruppen
        – Kommunikationsbaugruppen

Alle Baugruppen der SPS werden an der Rückseite durch den sogenannten Rückwandbus miteinander verbunden.

Bei S7-300 Geräten ist der Rückwandbus in den einzelnen Baugruppen integriert, die Zusammenschaltung erfolgt über U-förmige Busverbinder, die rückseitig gesteckt werden. Die verbundenen Geräte werden auf der Alu-Profilschiene aufgeschnappt.

Bei S7-400 Geräten werden die Baugruppen auf einen Baugruppenträger gesteckt, der den Rückwandbus (Platine) enthält.

2.2　Wirkungsweise der einzelnen SPS-Baugruppen

2.2.1　Netzteil PS 307 (Power Supply)

Die Spannungsversorgungsbaugruppe erzeugt aus der Netzspannung (115 V/230 V∿) eine stabilisierte Gleichspannung von *24 Volt*, die

- zur Versorgung der übrigen SIMATIC-Baugruppen und

- zur Versorgung von externen Sensoren und Aktoren benötigt wird.

Die Netzteile PS 307 sind derzeit mit den Ausgangsstromstärken 2 A, 5 A oder 10 A erhältlich.

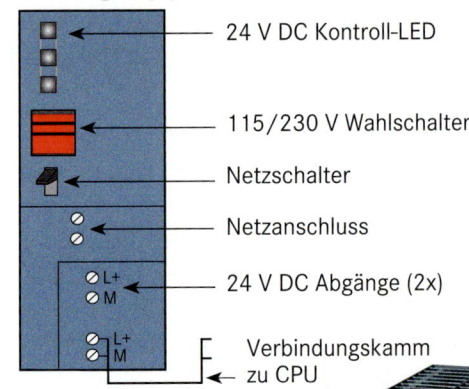

24 V DC Kontroll-LED

115/230 V Wahlschalter

Netzschalter

Netzanschluss

24 V DC Abgänge (2x)

Verbindungskamm zu CPU

ACHTUNG ❗ Die Ausgangsstromstärke des Netzteiles PS 307 muss an den Bedarf der Steuerung angepasst sein, sonst wird das Netzteil überlastet und schaltet ab.

Bei umfangreichen Steuerungen mit vielen Baugruppen und umfangreicher Peripherie (Geber, Stellglieder) muss evtl. zur Versorgung dieser Aktoren/Sensoren ein zweites Netzgerät (muss kein PS 307 sein) vorgesehen werden. Die Masseanschlüsse des PS 307 und des zweiten Netzteiles sind zu verbinden! (s. Pkt. „Ausgabebaugruppen"). Dieses Netzteil sollte allerdings eine stabilisierte Ausgangsspannung liefern, um Spannungsschwankungen zu vermeiden.

2.2.2　Zentralbaugruppe CPU (Central Processing Unit)

Die Zentralbaugruppe stellt das Herzstück des Automatisierungsgerätes dar. Sie empfängt über den Bus die Eingangssignale, bearbeitet das im Arbeitsspeicher abgelegte Programm und verändert programmabhängig die Ausgangssignale.

Es gibt verschiedene Typen von CPU-Baugruppen (CPU 200, CPU 300, CPU 400), die sich erheblich hinsichtlich ihrer Leistungsfähigkeit, insbesondere

- max. Speichergröße (Speicherausbau) und

- Bearbeitungsgeschwindigkeit des Programmes unterscheiden. (s. S7-Familien)

Wichtige Elemente der Zentralbaugruppe sind:

- Prozessor (CPU)

- Speicher (RAM, evtl. Flash-EPROM auf steckbarer Memory-Card)

- Betriebsartenschalter (RUN/STOP)

- MPI-Schnittstelle (zum Programmiergerät)

- evtl. ProfiNet (PN)-Schnittstelle

- evtl. Profibus DP–Schnittstelle

- verschiedene Status- und Kontroll-LEDs (s. unten)

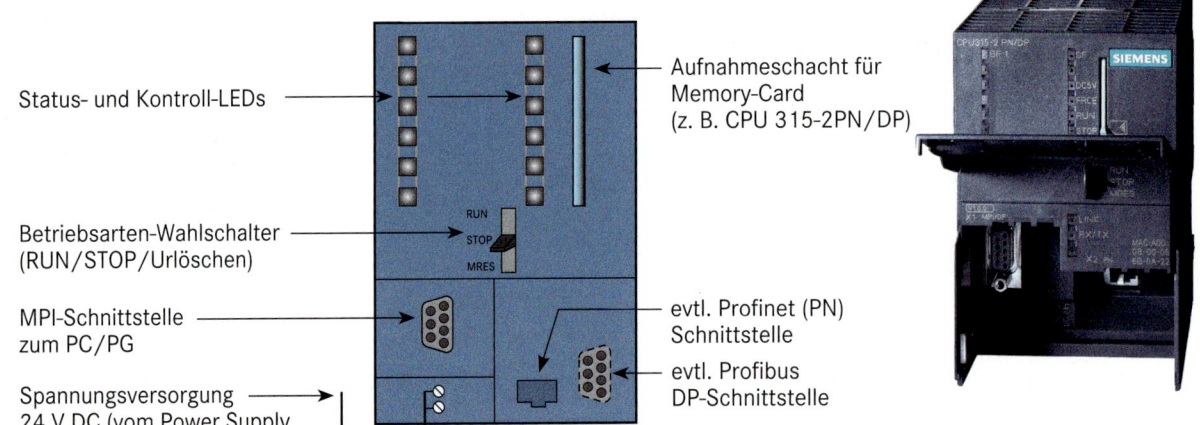

Status- und Kontroll-LEDs

Betriebsarten-Wahlschalter (RUN/STOP/Urlöschen)

MPI-Schnittstelle zum PC/PG

Spannungsversorgung 24 V DC (vom Power Supply kommend)

Aufnahmeschacht für Memory-Card (z. B. CPU 315-2PN/DP)

evtl. Profinet (PN) Schnittstelle

evtl. Profibus DP-Schnittstelle

Anzeige		Bedeutung	Erläuterung
SF (rot)	🟥	Sammelfehler	Diagnosefähige Baugruppen melden einen Sammelfehler.
BF (rot)	🟥	Busfehler	Störung in der Datenkommunikation
DC 5V (grün)	🟩	DC 5V Versorgung für CPU und Rückwandbus	Anzeige, dass die interne 5V-Versorgung der CPU in Ordnung ist.
FRCE (gelb)	🟨	Forcen	CPU ist aufgrund einer Testfunktion im Zustand „Forcen". Ein- und Ausgänge werden zwangsgesteuert.
RUN (grün)	🟩	Betriebszustand RUN	Das Programm wird zyklisch bearbeitet. Im Anlauf blinkt die LED.
STOP (gelb)	🟨	Betriebszustand STOP	Das Programm wird nicht bearbeitet. Beim Urlöschen blinkt die LED.

Tab. 1: Bedeutung der Status- und Kontroll-LEDs an der CPU-Baugruppe

2.2.3 Signal-Baugruppen

Eingabe- und Ausgabebaugruppen fasst man unter dem Begriff Signalbaugruppen (SM = Signal-Module) zusammen.

Man unterscheidet zwischen Digital-Signalbaugruppen und Analog-Signalbaugruppen.

Die geläufigste Signalspannung für Digitalbaugruppen ist 24 V DC. Analoge Baugruppen verarbeiten Signale im Spannungsbereich 0 - 10 V bzw. in einem Strombereich 0 - 20 mA.

Da Automatisierungsgeräte **intern** mit einer Busspannung von 5 V arbeiten, werden externe Signale über die Eingabebaugruppen an diesen Pegel angepasst.

Die galvanische Trennung des Rückwandbusses von den Peripheriesignalen erfolgt über Optokoppler bzw. Relaiskontakte (nur bei bestimmten Ausgabebaugruppen).

Der Anschluss von peripheren Gebern (Taster, Initiatoren, Lichtschranken ...) und Stellgliedern (Ventile, Schütze ...) erfolgt über sogenannten Frontstecker (Abb. 1). Diese ermöglichen das Auswechseln der Baugruppen ohne erneuten Verdrahtungsaufwand.

Zu beachten ist, dass diese Fronstecker nicht im Lieferumfang der jeweiligen Baugruppe enthalten sind. Sie müssen separat bestellt werden.

1: Frontstecker für Signalbaugruppen (Schraubanschluss)

2: Flexible Anschlussverdrahtung

2.2.4 Digital-Eingabebaugruppen DI (Digital Input)

Digital-Eingabebaugruppen lesen binäre Eingangssignale ein und leiten diese – galvanisch getrennt – über den Rückwandbus an die CPU-Baugruppe weiter. Die Adressierung ist steckplatzabhängig vorgegeben. Bei einigen Automatisierungssystemen kann die Adresse softwaremäßig geändert werden.

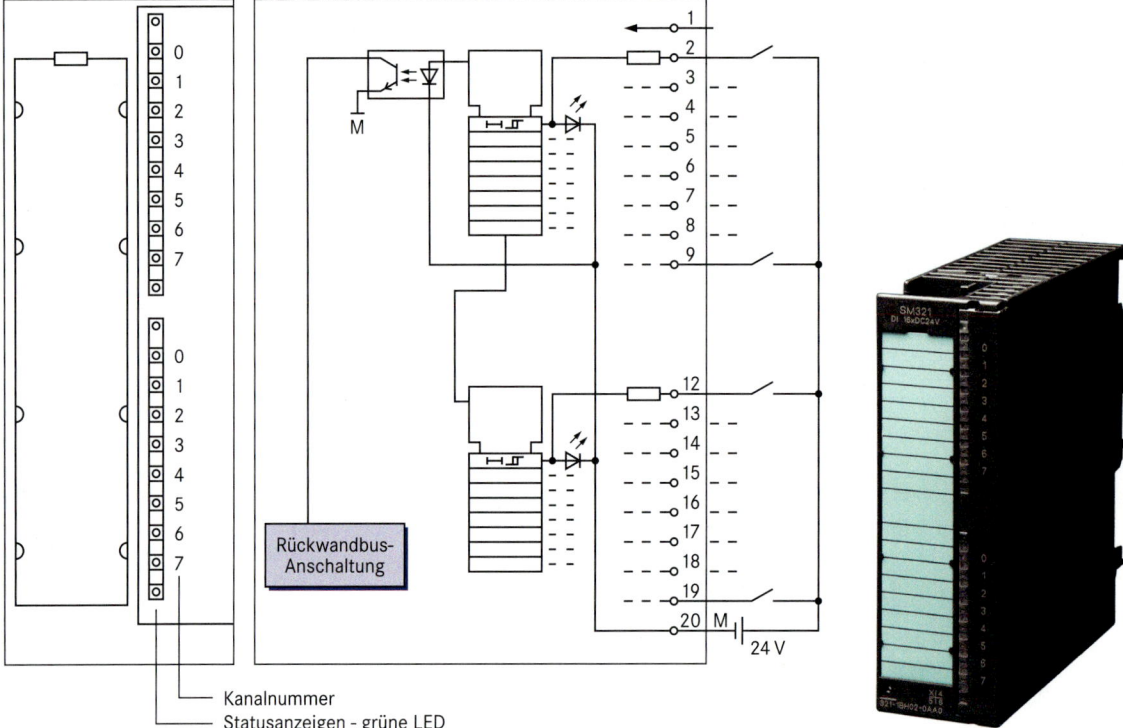

Kanalnummer
Statusanzeigen - grüne LED

1: Prinzipschaltbild einer Eingabebaugruppe SM 321 DI 16 x DC 24 V

2: DI Baugruppe SM 321

Eingabebaugruppen sind in verschiedenen Ausführungen erhältlich. Sie unterscheiden sich hinsichtlich

– der **Eingangsspannung** (Signalspannung) und

– der **Anzahl** der Eingänge.

Folgende Kombinationen sind möglich (s. genaue Bestelldaten im Katalog):

Anzahl $\diagdown$ Eingangsspannung $\rightarrow$	24 V DC	48 - 125 V DC	24 V/48 V AC/DC	120/230 V AC
64	X			
32	X			X
16	X	X	X	X
8				X

2.2.5 Digital-Ausgabegruppen DO (Digital Output)

Digital-Ausgabebaugruppen formen den S7-internen Signalpegel auf extern benötigte Spannungswerte um. Die Ansteuerung der Ausgänge erfolgt über Optokoppler, so dass eine galvanische Trennung zwischen Bus und Peripherie gegeben ist.

Die Adressierung ist steckplatzabhängig vorgegeben. Bei einigen Automatisierungssystemen kann die Adresse softwaremäßig geändert werden.

 Da den Ausgabegruppen relativ hohe Ströme entnommen werden, ist der Anschluss dieser Baugruppen an ein Netzteil (Klemme 1/11 s. Abb. 3) erforderlich! Verwendet man dazu ein separates Netzteil, so muss dieses masseseitig mit dem S7-Netzteil (PS 300) verbunden werden. Bei geringer Ausgangslast kann auch das S7-Netzteil zur Lieferung des Laststromes verwendet werden.

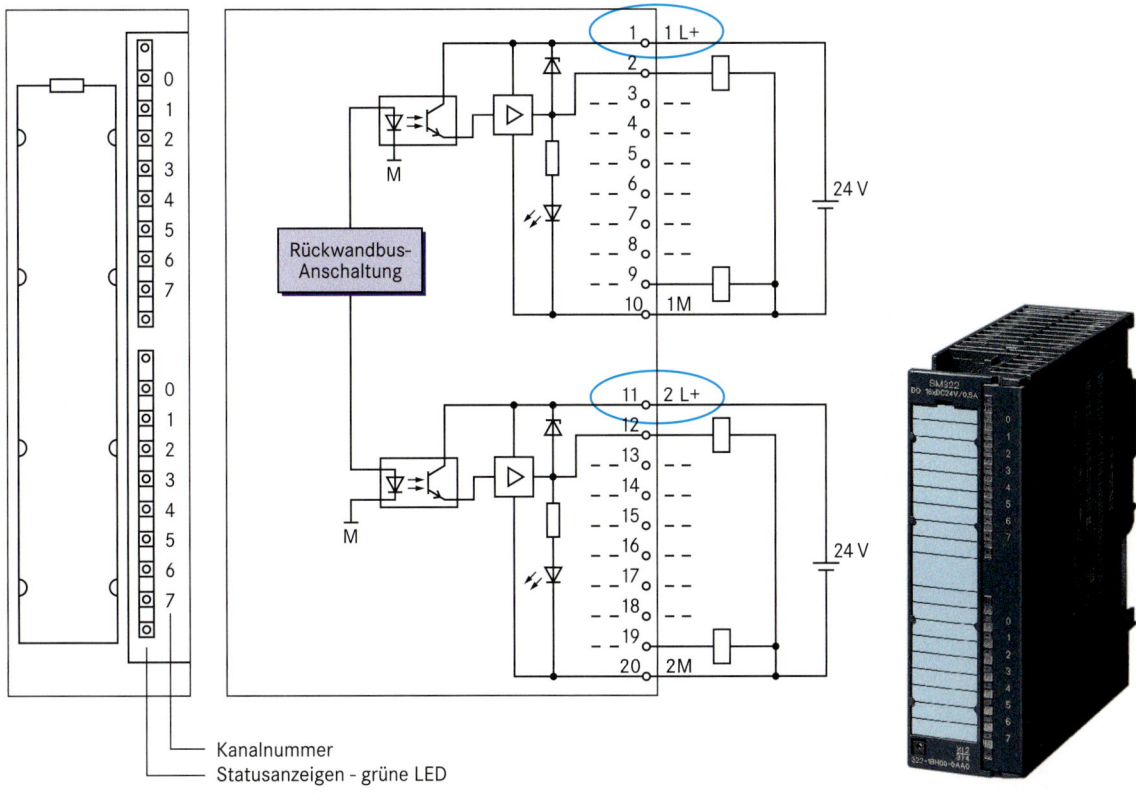

Kanalnummer
Statusanzeigen - grüne LED

3: Prinzipschaltbild einer Ausgabebaugruppe SM 322 DO 16xDC 24 V/0,5 A   4: Baugruppe 322

Anzahl der Ausgänge ↓ \ Eingangsspannung →	24 V DC	48 - 125 V DC	120/230 V AC	Relaiskontakt AC ≤ 230 V u. DC ≤ 120 V
64	X 0,3 A			
32	X 0,5 A		X 1 A	
16	X 0,5 A		X 1 A	8 A (max 120 V ∼)
8	X 0,5 A X 2 A	X 1,5 A	X 1 A X 2 A	X 5 A X 2 A

Tab. 1:   Max. Laststrom pro Ausgang/Ausgangsspannung u. Anzahl der Ausgänge versch. DO-Baugruppen

2.2.6 Kombinierte Digitalbaugruppen

Es gibt Signalmodule, die

– 8 Digitaleingänge plus   8 Digitalausgänge bzw.

– 16 Digitaleingänge plus 16 Digitalausgänge besitzen.

Diese Baugruppen bieten Kosten- und Platzersparnis.

2.3 Einblick in die verschiedenen SIMATIC S7®-Familien

Automatisierungssysteme (AS) werden in verschiedenen Leistungskategorien angeboten, was sich selbstverständlich auch in den Hardware-Anschaffungskosten niederschlägt.

Nachfolgend sollen die einzelnen S7-Familien vorgestellt werden. Auf Details kann aus Platz- und Aktualitätsgründen (die Steuerungen werden kontinuierlich weiterentwickelt) nicht eingegangen werden.

Die Leistungsfähigkeit speicherprogrammierbarer Steuerungen wird hauptsächlich vom Potenzial der CPU-Baugruppe bestimmt.

Die einzelnen Zentralbaugruppen unterscheiden sich hierbei vor allem hinsichtlich:

- Bearbeitungsgeschwindigkeit des Anwenderprogramms
- Größe des Arbeits- und Ladespeichers
- Erweiterbarkeit des Speichers
- Erweiterbarkeit des gesamten AS (Gesamtadressraum Ein-/Ausgänge).

Letztendlich muss – wie bei jeder Investition – anhand einer Kosten-/Nutzenanalyse die wirtschaftlichste Lösung gefunden werden. Dabei sollten jedoch Kapazitätsreserven für evtl. notwendige Erweiterungen eingeplant werden.

2.3.1 SIMATIC S7®-200 Automatisierungssysteme

Die Micro-SPS-Geräte SIMATIC S7-200 decken den unteren Leistungsbereich der Automatisierungstechnik ab.

Die Steuerungen sind als Kompaktgeräte aufgebaut. Dies bedeutet, dass Signaleingabe, Signalausgabe und CPU in einem Gehäuse untergebracht sind.

Gleichwohl stehen Erweiterungsmodule (EM) zur Verfügung, die einen „beschränkten" Ausbau dieser Automatisierungssysteme gestatten. Es gibt CPU-Baugruppen und EMs mit Analogwertverarbeitung.

1: Kompaktgerät S7-212 8xDI/6xDO

Digitales Erweiterungsmodul

Die Programmierung erfolgt in der Programmiersprache STEP 7 – MicroWin. Diese Programme sind nicht kompatibel zu den Programmen der Familien S7-300 und S7-400.

2.3.2 SIMATIC S7®-1200 Automatisierungssysteme

Die S7-1200 Steuerungen sind der Nachfolgetyp der S7-200 und sind modular aufgebaut. Sie verfügen bereits in der Grundausstattung über ein Profi-Net Schnittstelle. Damit ist diese Gerätefamilie einfach mit anderen Automatisierungssystemen und Bedienpanels vernetzbar. Die Programmierung erfolgt mit Hilfe des grafikorientierten Programmpakets Step7-Basic.

2: Modular aufgebaute S7-1200 Steuerung

2.3.3 SIMATIC S7®-300 Automatisierungssysteme

Die Geräteserie SIMATIC S7-300 deckt den unteren bis mittleren Leistungsbereich der Automatisierungstechnik ab.

Die Steuerungen sind als modulare Systeme aufgebaut, was einer Anpassung der SPS an die jeweilige Automatisierungsaufgabe entgegenkommt.

Die einzelnen Baugruppen werden auf der Profilschiene (= Rack 300) befestigt.

Für den Datenaustausch zwischen den Baugruppen wird ein sog. „BUS" benötigt.

Bei den S7-300 Geräten wird diese Verbindung über **Busverbinder** hergestellt. Dabei handelt es sich um U-förmige Steckverbinder, die in die beiden benachbarten Baugruppen eingesteckt werden.

3: Modular aufgebautes Automatisierungssystem SIMATIC S7-300

Die Baugruppen der SIMATIC S7-300 sind auch als SIPLUS-Variante für **erschwerte Umgebungsbedingungen** lieferbar.

Fehlersichere SPS-Geräte

Um die erhöhten Sicherheitsanforderungen in der Fertigungstechnik zu erfüllen, werden zunehmend **fehlersichere Automatisierungssysteme** eingesetzt. Die Gerätereihe SIMATIC S7-300F erfüllt die **Sicherheitskategorie 4** der Europanorm EN 954-1. Die fehlersicheren Baugruppen sind mit **gelben Schildern** gekennzeichnet.

Für die Geräteserie S7-300 sind folgende Baugruppenarten erhältlich:

– Spannungsversorgungen (PS 300)

– CPU-Baugruppen unterschiedlicher Leistungsfähigkeit (CPU 3xx)

– *S*ignalbaugruppen (digitale und analoge DI/DO-Baugruppen SM 3xx)

– Anschaltbaugruppen (IM36x) dienen zur Verbindung mehrzeiliger AS-Aufbauten

– Kommunikationsbaugruppen (CP34x = Communication Processor) dienen dem Datenaustausch verschiedener Automatisierungssysteme untereinander z. B. PROFI-BUS; ASI-BUS

– Funktionsbaugruppen (FM 35x = Function Module) erweitern die Vielseitigkeit von AS. Sie ermöglichen z. B. schnelles Zählen, Regeln oder Positionieren (Schrittmotoren).

2.3.4 SIMATIC S7®-400 Automatisierungssysteme

Die Geräteserie SIMATIC S7®-400 wurde für komplexe Automatisierungsaufgaben im mittleren bis oberen Leistungsbereich entwickelt.

Die hohe Leistungsfähigkeit dieser Gerätefamilie ermöglicht den Aufbau dezentraler AS-Strukturen einschließlich der zugehörigen Kommunikationsmöglichkeiten.

In der Variante S7-400H (H = Hochverfügbar) besteht das AS aus zwei redundant laufenden Zentralgeräten, die mittels entsprechender Sync-Module über Lichtwellenleiter verbunden sind.

Hochverfügbare Automatisierungsgeräte werden dann eingesetzt, wenn beim Ausfall der Steuerung hohe Kosten bei Stillstand bzw. Wiederanlauf entstehen würden.

Auch bei der Verarbeitung wertvoller Materialien oder bei unbeaufsichtigt ablaufenden Prozessen verhindern S7-400H Geräte Störungen.

S7-400 Automatisierungssysteme sind modular aufgebaut, weshalb sie individuell bestückt werden können.

Die einzelnen Baugruppen werden auf den sog. Baugruppenträger gesteckt.

Dieser Baugruppenträger verbindet die einzelnen Baugruppen über eine Busplatine.

Baugruppenträger für Zentralgeräte werden mit „UR" bezeichnet, Erweiterungsgeräte (mehrzeiliger Aufbau) erhalten die Benennung „ER".

S7-400 Geräte können auch sehr schnelle Prozessänderungen erfassen und entsprechend reagieren. Dies wird durch die kurze Befehls-Bearbeitungszeit ermöglicht.

S7-400
Baugruppenträger

4: Modular aufgebautes Automatisierungssystem
SIMATIC S7-400

Neben den bereits oben (S7-300) erläuterten Baugruppentypen können S7-400-Systeme mit Baugruppen zur Bildauswertung (Visiomat) ausgerüstet werden.

Wie allgemein bekannt ist, fallen vor allem bei grafischen Anwendungen große Datenmengen an, die viel Speicher und eine große Rechenleistung erfordern. Diese Anforderungen können innerhalb der S7-Welt derzeit nur von den leistungsfähigen S7-400 CPUs erfüllt werden.

2.4 Baugruppenanordnung und Steckplatzadressierung

2.4.1 Steckplatzregeln der SIMATIC S7-300

Bei der Montage der modularen S7-Baugruppen sind einige Regeln einzuhalten, um eine fehlerfreie Funktion der AS zu gewährleisten. Die folgenden Punkte gelten insbesondere für S7-300 Automatisierungssysteme.

a) Lückenlose Anordnung der SIMATIC S7-Baugruppen

Baugruppen müssen lückenlos aneinandergereiht werden. Beim Hardwareaufbau ist wegen der Busverbinder-Technik eine lückenlose Anordnung zwangsläufig gegeben. Bei der Hardwarekonfiguration in der STEP 7-Software muss diese Prämisse ebenfalls befolgt werden.

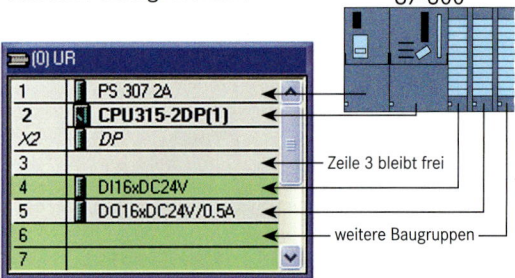

Ausnahme: Der Steckplatz 3 bleibt in der Hardwarekonfiguration (Software STEP 7) frei, da dieser für die Anschaltbaugruppe (mehrzeiliger Aufbau) reserviert ist.
Der reale Aufbau ist ohne freien Steckplatz auszuführen!

b) Feste Zuordnung der Steckplätze für bestimmte Baugruppen

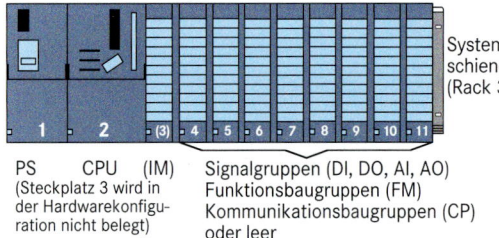

PS   CPU   (IM)   Signalgruppen (DI, DO, AI, AO)
(Steckplatz 3 wird in   Funktionsbaugruppen (FM)
der Hardwarekonfigu-   Kommunikationsbaugruppen (CP)
ration nicht belegt)   oder leer

1: Üblicher Aufbau einzeiliger S7-300 Automatisierungssysteme

Steckplatzregeln:

Steckplatz 1:   Nur Stromversorgung PS 307
Steckplatz 2:   Nur Zentralbaugruppen CPU 3xx
Steckplatz 3:   Anschaltbaugruppe IM36x oder **leer**
Steckplatz 4-11:   alle sonstigen S7-300 Baugruppen oder leer

2.4.2 Mehrzeiliger Aufbau von SIMATIC S7-300 Automatisierungssystemen

Die Bustopologie der S7-300 Geräte erlaubt einen maximalen Ausbau von 11 Steckplätzen pro Zeile.

Bei umfangreicheren Automatisierungsaufgaben ist dieser Platz nicht ausreichend.

Um mehr Baugruppen an eine Zentralbaugruppe (CPU) anzuschließen, werden größere Automatisierungssysteme mehrzeilig angeordnet.

Ein mehrzeiliger Aufbau bietet auch im Hinblick auf die Montage Vorteile, da die einzelnen Zeilen übereinander in die Schaltschränke eingebaut werden können.

a) Zweizeiliger Aufbau mit IM 365

Die Anschaltung eines Erweiterungsgerätes an das Zentralgerät mittels der Anschaltbaugruppe IM 365 stellt eine einfache und kostengünstige Erweiterungsmöglichkeit dar.

Die für den Aufbau benötigten Komponenten werden im Set (eine Bestellnummer) angeboten:

- 2 Stck. Baugruppen IM 365
- 1 Stck. Verbindungsleitung 1m lang

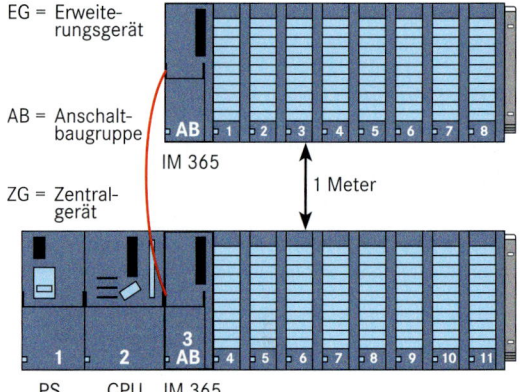

2: Zweizeiliger Aufbau mit IM 365

Dieser zweizeilige Aufbau ermöglicht den Anschluss von 16 Stck. Baugruppen an eine CPU.

Bestimmte Baugruppen (CPs und FMs) können im Erweiterungsgerät nicht eingesetzt werden, da über die Anschaltbaugruppe nur eine eingeschränkte Busfunktion möglich ist.

Es ist keine eigene Stromversorgung notwendig, alle Baugruppen werden vom Netzgerät der Zentralbaugruppe versorgt.

Der Abstand zwischen ZG und EG ist aufgrund des mitgelieferten Verbindungskabels auf einen Meter (1 m) beschränkt.

b) Mehrzeiliger Aufbau mit IM 360/361

Die Anschaltbaugruppen IM 360 und IM 361 ermöglichen einen Ausbau auf bis zu drei Erweiterungsgeräte an einem Zentralgerät.

Erforderliche Komponenten:

– 1 Stck. Anschaltbaugruppe IM 360

– max. 3 Stck. Baugruppen IM 361

– Verbindungsleitungen 1 m; 2,5 m; 5 m oder 10 m lang

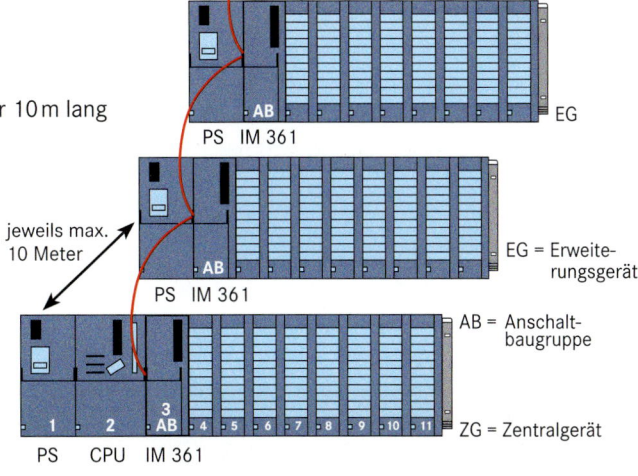

Bei vierzeiligem Aufbau können im größtmöglichen Ausbau des AS maximal 32 Stck. Baugruppen an eine CPU angeschlossen werden.

Die Busfunktion der EGs ist nicht eingeschränkt. Deshalb können alle Baugruppentypen in den EGs in gleicher Weise wie im ZG eingesetzt werden.

Für jede Anschaltbaugruppe IM 361 ist eine eigene 24 V-Stromversorgung notwendig. Der Anschluss erfolgt hier über einen Verbindungskamm. Die Baugruppe IM 360 wird vom Netzgerät der Zentralbaugruppe versorgt.

jeweils max. 10 Meter

EG = Erweiterungsgerät

AB = Anschaltbaugruppe

ZG = Zentralgerät

3: Mehrzeiliger Aufbau mit IM 360/361

Der Abstand zwischen den einzelnen Baugruppenträgern beträgt jeweils maximal 10 Meter.

2.4.3 Steckplatzadressierung von Signalbaugruppen

a) Adressierung am Beispiel der CPU 314 IFM-Baugruppe

STEP 7® vergibt bereits bei der Hardwarekonfiguration die Adressen für Eingabe- und Ausgabebaugruppen. Somit besitzen diese Baugruppen – automatisch – eine Anfangsadresse, aus der sich die genauen Bit-Adressen der einzelnen Signale ermitteln lassen. (s. Abb. 4)

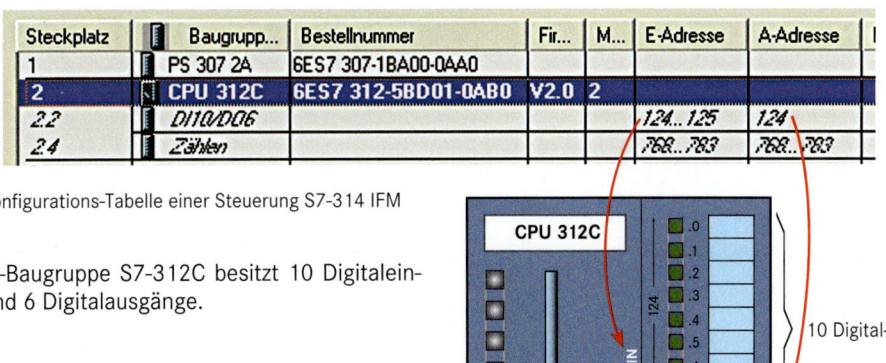

Steckplatz		Baugrupp...	Bestellnummer	Fir...	M...	E-Adresse	A-Adresse	
1		PS 307 2A	6ES7 307-1BA00-0AA0					
2		CPU 312C	6ES7 312-5BD01-0AB0	V2.0	2			
2.2		DI10/DO6				124...125	124	
2.4		Zählen				768...783	768...783	

Abb. 4: Konfigurations-Tabelle einer Steuerung S7-314 IFM

Die CPU-Baugruppe S7-312C besitzt 10 Digitaleingänge und 6 Digitalausgänge.

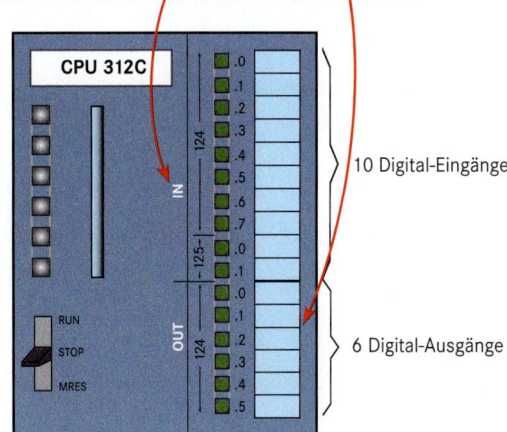

Die Eingangs-Adressen lauten:

E 124.0 - E 124.7 (EB 124 $\triangleq$ 8 Bit)

E 125.0 - E 125.1 (2 Bit)

Die Ausgangs-Adressen lauten:

A 124.0 - A 124.5 (6 Bit)

Diese Adressen können mit Hilfe der Software Step 7 geändert werden (s. 2.4.4).

10 Digital-Eingänge

6 Digital-Ausgänge

5: Ein- und Ausgänge einer S7-312C-Baugruppe

Diese Adressen sind fest vorgegeben, da bei diesem CPU-Typ die Ein-/Ausgänge fest integriert sind.

Eingänge und Ausgänge dürfen dieselben Byte-/Wortadressen haben, wie in Abb. 5, S. 17 dargestellt.

Sie unterscheiden sich ja neben der numerischen Adresse noch durch den Buchstaben „E" bzw. „A" voneinander (= alphanumerisches Bezeichnungssystem).

Steckt man weitere Signalbaugruppen, so beginnen deren Adressen mit Byte 0, 1 ... (s. Abb. 2 - S7 315-2DP).

Auch diese Adressen werden bei dieser CPU-Baugruppe steckplatzabhängig vergeben.

Bei leistungsfähigeren CPUs ist eine Zuweisung der Adressen über die Software möglich (z. B. 315-2DP s. unten).

b) Adressierung am Beispiel der CPU 315-2DP-Baugruppe

Die Zentralbaugruppe 315-2DP verfügt intern über keine DI/DO-Signale. Deshalb werden ab dem Steckplatz 4 Signalbaugruppen angereiht. Diese werden automatisch adressiert. Es wird mit dem Byte 0 begonnen.

Da es Baugruppen gibt, die 4 Byte Adressraum benötigen, wird die Adressierung in Viererschritten vorgenommen. Nicht benötigte Bytes werden übersprungen.

Beispiel:

Steckplatz 4		Steckplatz 5		Steckplatz 6	
Bytes 0/1	Bytes 2/3 frei	Bytes 4/5	Bytes 6/7 frei	Bytes 8/9	Bytes 10/11 frei

Steckplatz		Baugruppe	...	Bestellnummer	Firm...	MPI-Adr...	E-Adresse	A-Adresse
1		PS 307 2A		6ES7 307-1BA00-0AA0				
2		CPU 315-2 DP		6ES7 315-2AG10-0AB0	V2.0	2		
X2		DP					2047*	
3								
4		DI16xDC24V		6ES7 321-1BH00-0AA0			0...1	
5		DO16xDC24V/0.5A		6ES7 322-1BH00-0AA0				4...5

1: Konfigurations-Tabelle einer Steuerung S7-315-2DP

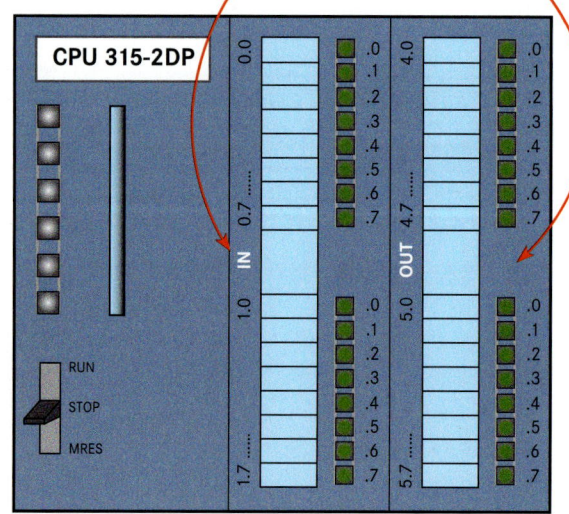

Die Eingangs-Adressen lauten:
E 0.0 - E 0.7 (EB 0)
E 1.0 - E 1.7 (EB 1)

Die Ausgangs-Adressen lauten:
A 4.0 - A 4.7 (AB 4)
A 5.0 - A 5.7 (AB 5)

2: Ein- und Ausgänge einer S7-315-2DP mit angeschlossenen Signalmodulen

Die Vergabe dieser Adressen wurde während der Hardware-Konfiguration automatisch vorgenommen.

Die CPU 315 bietet jedoch – wie auch andere CPUs – die Möglichkeit, den Baugruppen andere Adressen zuzuweisen (s. unter Pkt. 2.4.4).

2.4.4 Zuweisung von Eingangs-/Ausgangsadressen

Um Adressen zu vergeben, die von der steckplatz-abhängigen Systematik abweichen, gibt es die Möglichkeit der freien Adressenvergabe.

Das Anpassen der E-/A-Adressen kann vor allem dann sinnvoll sein, wenn ein vorhandenes Programm in eine neue Steuerung übernommen werden soll.

Um die Adressen abzuändern, muss folgendermaßen vorgegangen werden:

1) Im Fenster „Hardware Konfiguration" (Hw Konfig) entweder

   – die gewünschte Baugruppe doppelklicken ①

   oder

   – die Baugruppe mit der rechten Maustaste markieren und „Objekteigenschaften" anwählen. ②

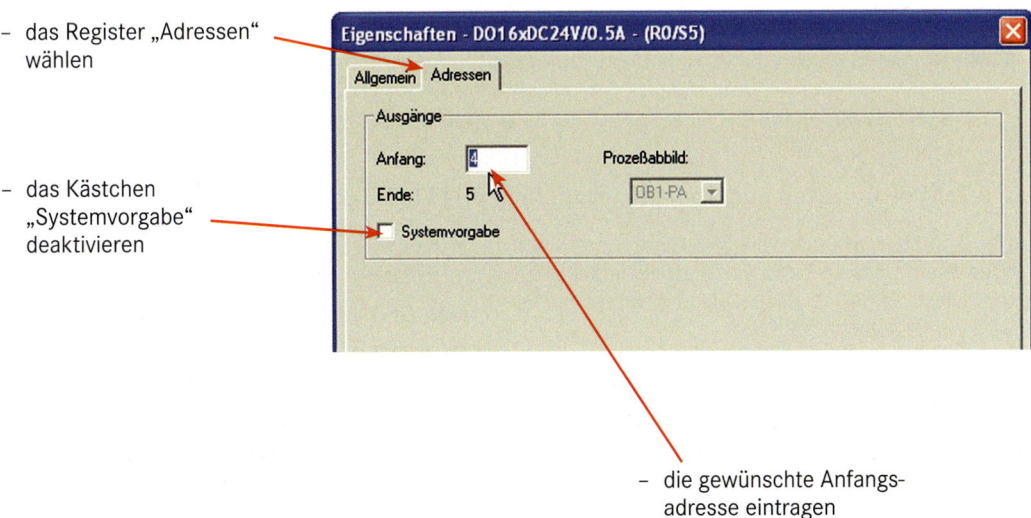

2) Im Fenster „Eigenschaften"

   – das Register „Adressen" wählen

   – das Kästchen „Systemvorgabe" deaktivieren

   – die gewünschte Anfangsadresse eintragen

2.5 Speicherverhalten und Urlöschen von Automatisierungsgeräten

2.5.1 Arbeitsspeicher und Ladespeicher

Wie bei jeder „**E**lektronischen-**D**aten-**V**erarbeitungs-anlage" muss auch in speicherprogrammierbaren Steuerungen ein ausreichend großer „Speicher" vorhanden sein.

Die Erstellung des Anwenderprogramms (S7-Bausteine) erfolgt mit dem Programmiergerät (PC) in einer problemorientierten Programmiersprache (z. B. STEP 7).

Die Speicherung während der Erstellung erfolgt dabei auf Festplatte, Disc oder CD im Programmiergerät.

Bevor das Anwenderprogramm über ein Verbindungskabel an die SPS übertragen wird, übersetzt es das Programmiergerät in ein lauffähiges Maschinenprogramm.

Dieses Maschinenprogramm wird im Speicher der SPS abgelegt. Das Programmiergerät ist zur Ausführung des Programms nicht mehr notwendig, weshalb die Verbindung PG-SPS getrennt werden kann.

Der Speicher für das übersetzte Anwenderprogramm befindet sich in der Zentralbaugruppe des Automatisierungsgeräts.

Man unterscheidet dabei drei Arten von Speicher:

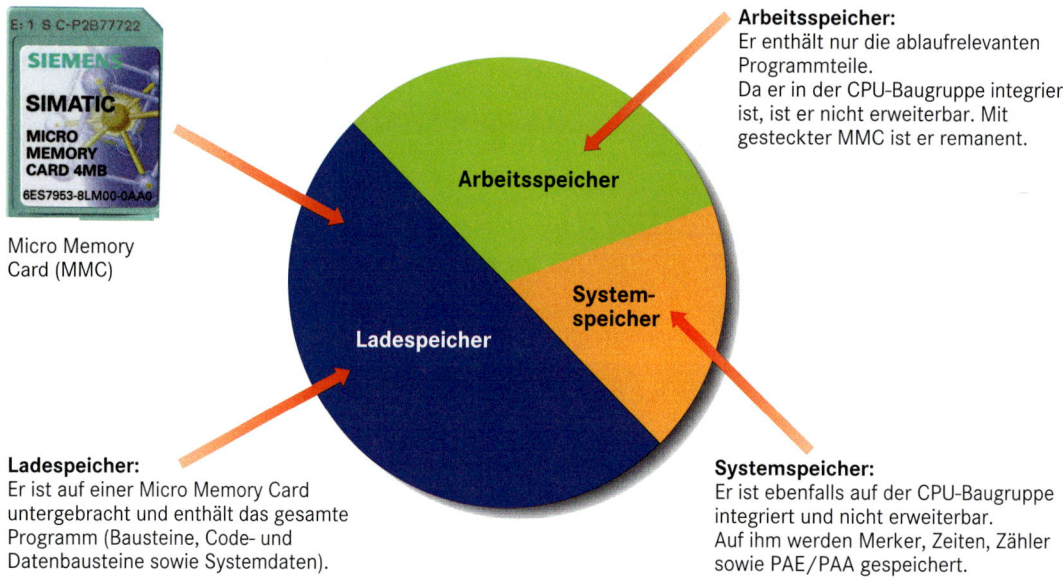

Micro Memory Card (MMC)

Arbeitsspeicher:
Er enthält nur die ablaufrelevanten Programmteile.
Da er in der CPU-Baugruppe integriert ist, ist er nicht erweiterbar. Mit gesteckter MMC ist er remanent.

Ladespeicher:
Er ist auf einer Micro Memory Card untergebracht und enthält das gesamte Programm (Bausteine, Code- und Datenbausteine sowie Systemdaten).

Systemspeicher:
Er ist ebenfalls auf der CPU-Baugruppe integriert und nicht erweiterbar.
Auf ihm werden Merker, Zeiten, Zähler sowie PAE/PAA gespeichert.

 Das Laden von Anwenderprogrammen und damit der Betrieb der CPUs 300 ist nur mit gesteckter Micro Memory Card (MMC) möglich.
Mit Memory-Karten lässt sich nur der Ladespeicher erweitern, der Arbeitsspeicher wird durch die verwendete CPU-Baugruppe (bei S7-300) bestimmt.

2.5.2 Speicherarten und Speicher-Module in SIMATIC-Geräten

Die Zentralbaugruppen von SPS-Geräten verfügen über interne Arbeits- und Systemspeicherkapazitäten. Diese sind – je nach Leistungskategorie der CPU – unterschiedlich groß.

Den Ladespeicher kann man in den meisten CPUs mittels steckbarer Speicher-Module (MMC) an den Bedarf anpassen.

a) Flüchtige Speicher RAM (Random Access Memory)

Jede CPU-Baugruppe verfügt über internen RAM, der in Arbeits- und Systemspeicher aufgeteilt ist. RAM ist ein **Schreib-Lese-Speicher**, der bei Spannungsausfall seine Information verliert. Deshalb ist es wichtig, dass die CPU-Baugruppen bei Spannungsausfall vor Datenverlust geschützt werden. Bei älteren CPU-Baugruppen werden dazu Pufferbatterien in der Zentralbaugruppe verwendet.

Neuere SPS-Geräte sichern wichtige Daten (s. Tab. 1) auf der Micro-Memory-Card, so dass diese bei Spannungsausfall remanent sind.

b) Nicht-flüchtige Speicher Flash-EPROM (Erasable Programmable Read Only Memory)

EPROMS sind programmierbare Nur-Lese-Speicher, deren Inhalt auch ohne Stromversorgung erhalten bleibt.

Sie dienen dazu, ein Programm dauerhaft zu sichern, so dass auch bei Spannungsausfall ein Programmverlust ausgeschlossen ist.

Flash EPROMs stellen eine kleinere und leistungsfähigere Generation der EEPROMs (= Electrically Erasable Programmable ROM) dar. Sie werden mittels Stromstoß programmiert und gelöscht.

Flash-EPROMs können als Micro-Memory-Cards in die CPU-Baugruppen gesteckt werden. Sie bilden den Ladespeicher, erweitern jedoch nicht den Arbeitsspeicher.

Einige ältere CPUs (312 IFM, 314 IFM) verfügen über integrierten Flash-EPROM, in dem das Programm dauerhaft gesichert werden kann. Allerdings können in diese Baugruppen keine Memory Cards gesteckt werden.

In den neueren CPU 300-Baugruppen erfolgt die Programmspeicherung in den Micro-Memory-Cards (MMC), so dass sich der Einbau von Pufferbatterien erübrigt.

MMC gewährleisten das remanente Speichern wichtiger Programmteile und -daten auch nach Netzausfall und Wiederanlauf.

Speicherobjekt	Betriebszustandübergang		
	NETZ-EIN/ NETZ-AUS	STOP → RUN	Urlöschen
Anwenderprogramm/-daten (Ladespeicher)	X	X	X
Aktualwerte der DBs	X	X	-
als remanent projektierte Merker, Zeiten und Zähler	X	X	-
Diagnosepuffer, Betriebsstundenzähler	X	X	X
MPI-Adresse, Baudrate	X	X	X

Tab. 1: Remanenzverhalten von SPS-Daten   (X = remanent / - = nicht remanent)

Aufgaben

1. Sie sollen die Hardwarekonfiguration einer S7-315 2DP vornehmen. Es handelt sich dabei um ein modular aufgebautes Gerät, dessen Zentralbaugruppe keine Ein-/Ausgänge enthält.
Welche fünf Komponenten müssen Sie einfügen, um digitale Steuersignale ein- und ausgeben zu können?

2. Nennen Sie die Spannungsform und -höhe, welche das S7-Netzteil an die Zentralbaugruppe abgibt.

3. Beschreiben Sie die Aufgaben der Zentralbaugruppe sowie wichtige Funktions- und Bedienelemente an dieser Baugruppe.

4. Wie wird gewährleistet, dass das Anwenderprogramm auch nach Spannungsausfall in der SPS vorhanden ist?

5. Wie heißt die Schnittstelle, mittels der man von der CPU-Baugruppe eine Verbindung zum Programmiergerät (PG) herstellt?

6. Nennen Sie zwei gebräuchliche Spannungen, mit denen Signale an SPS-Baugruppen eingegeben bzw. ausgegeben werden.

7. Mit welcher Stromstärke darf ein einzelner Ausgang einer S7-SPS – üblicherweise – maximal belastet werden?

8. Weshalb muss bei der Hardwarekonfiguration der Steckplatz 3 frei bleiben?

9. Geben Sie die maximale Anzahl von Baugruppen an, die bei mehrzeiligem Aufbau an eine Zentralbaugruppe angeschlossen werden können.

10. Welche Bezeichnung haben die externen Speichermodule für S7-Geräte?

11. Welche Speicherart wird für den internen Arbeitsspeicher von S7-Geräten verwendet?

3.1 Die drei Darstellungsarten KOP, FUP und AWL

STEP 7 bietet die Möglichkeit, Programme in drei Darstellungsarten zu erstellen bzw. anzuzeigen:

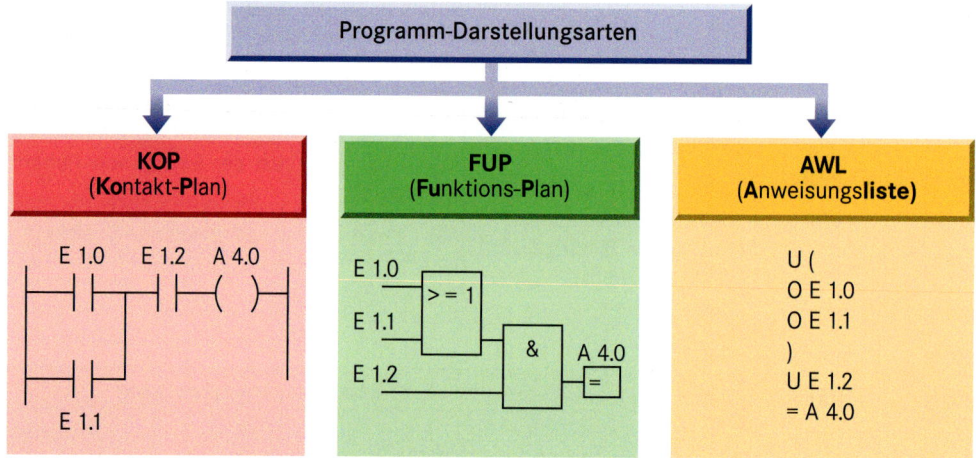

Prinzipiell ist es dem Programmierer freigestellt, in welcher Darstellungsart er die STEP 7-Programme erstellt.

Meistens gibt es jedoch von Kundenseite konkrete Vorgaben, in welcher Darstellungsart die Dokumentation (Ausdruck) vorliegen soll.

Bei einfachen Programmen kann zumeist problemlos zwischen den drei Darstellungsarten gewechselt werden.

Dazu wird beim Erstellen bzw. Ansehen der Programme im Menü „Ansicht" die jeweilige Darstellungsart ausgewählt.

! Der Wechsel der Darstellungsart ändert nichts an der Funktion des Programms. KOP- und FUP-Programme können stets in AWL-Darstellung umgewandelt werden. Umgekehrt kann – aus syntaktischen Gründen – nicht jedes AWL-Programm in die KOP-/FUP-Darstellung konvertiert werden.

AWL stellt die mächtigste Darstellungsart innerhalb von STEP 7 dar. Es handelt sich hierbei um eine maschinennahe Sprache, die den vollen Funktionsumfang von STEP 7 ausschöpft.

Viele STEP 7-Befehle können nur in AWL programmiert werden, da für sie – aufgrund ihrer Komplexität – keine KOP-/FUP-Symbole existieren.

Internationale Bezeichnungen

Kontaktplan: **LAD**; **lad**der diagram

Funktionsplan: **SFC**; **s**equential **f**unction **c**hart

Anweisungsliste: **STL**; **st**atement **l**ist

Aufbau von AWL-Befehlen:

AWL-Befehle bestehen aus den beiden Bestandteilen Operation und Operand.

Operation: **WAS** soll getan werden?

Operand: **WOMIT** soll die Operation durchgeführt werden?

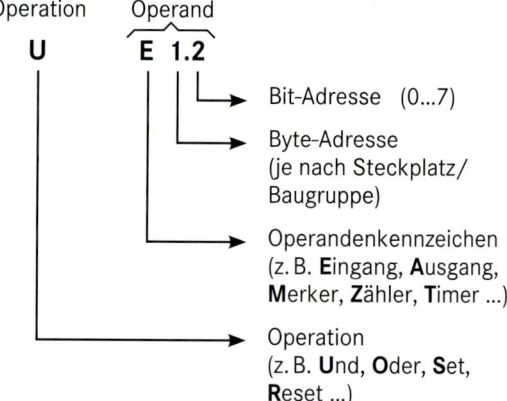

Operation Operand

U E 1.2

→ Bit-Adresse (0...7)

→ Byte-Adresse (je nach Steckplatz/ Baugruppe)

→ Operandenkennzeichen (z. B. **E**ingang, **A**usgang, **M**erker, **Z**ähler, **T**imer ...)

→ Operation (z. B. **U**nd, **O**der, **S**et, **R**eset ...)

3.2 Binäre Grundverknüpfungen

3.2.1 UND-Verknüpfung

In der verbindungsprogrammierten Steuerung wird Q1 nur dann eingeschaltet, wenn beide Taster gleichzeitig betätigt sind.

Da bei der SPS-Steuerung die Geber nicht mehr in Reihe geschaltet sind, muss die Reihenschaltung der beiden Taster softwaremäßig nachgebildet werden.

E 0.0	E 0.1	A 4.0
0	0	0
0	1	0
1	0	0
1	1	1

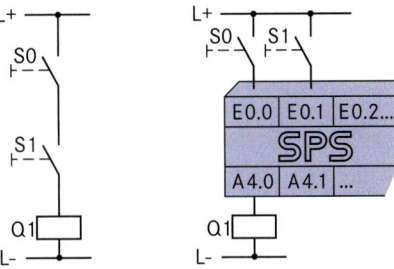

Programme:

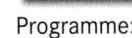

KOP

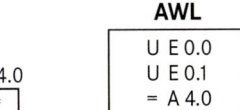

E 0.0   E 0.1   A 4.0

FUP

E 0.0 ─┐ &
E 0.1 ─┘   A 4.0
             =

AWL

U E 0.0
U E 0.1
= A 4.0

3.2.2 ODER-Verknüpfung

In der verbindungsprogrammierten Steuerung wird Q1 dann eingeschaltet, wenn mindestens einer der beiden Taster betätigt ist.

Die beiden Eingänge werden auf „ODER" abgefragt. Das Ergebnis dieser Abfrage/Verknüpfung wird durch die Operation „=" dem Operanden „A 4.0" zugewiesen.

E 0.0	E 0.1	A 4.0
0	0	0
0	1	1
1	0	1
1	1	1

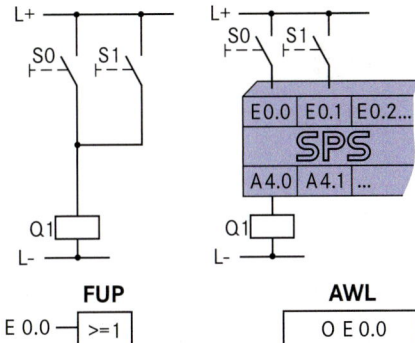

Programme:

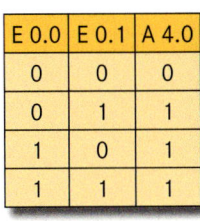

KOP

E 0.0   A 4.0
              ( )
E 0.1

FUP

E 0.0 ─┐ >=1
E 0.1 ─┘   A 4.0
             =

AWL

O E 0.0
O E 0.1
= A 4.0

3.2.3 Invertierung von Ausgängen: NAND und NOR

Es gibt in STEP 7 die Möglichkeit, die Ausgänge einiger Verknüpfungen zu invertieren.

Die zwei klassischen Beispiele sind NAND (negiertes UND) und NOR (negiertes ODER).

a) NAND-Verknüpfung

E 0.0	E 0.1	A 4.0
0	0	1
0	1	1
1	0	1
1	1	0

NAND-Wahrheitstabelle

Der Ausgang des UND-Gliedes wird invertiert. In allen Fällen, bei denen das UND ein „0"-Signal liefern würde, steht nun ein „1"-Signal an. Nur wenn beide Eingänge an „1" liegen, bringt das NAND als Ausgangssignal eine „0".

b) NOR-Verknüpfung

E 0.0	E 0.1	A 4.0
0	0	1
0	1	0
1	0	0
1	1	0

NOR-Wahrheitstabelle

Der Ausgang des ODER-Gliedes wird invertiert, so dass in allen Fällen, bei denen das ODER ein „1"-Signal liefern würde, nun ein „0"-Signal ansteht. Nur wenn beide Eingänge an „0" liegen, bringt das NOR als Ausgangssignal eine „1".

Programme:

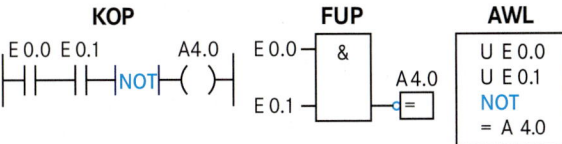

KOP

E 0.0 E 0.1   A 4.0
─┤├─┤├─NOT─( )

FUP

E 0.0 ─┐ &
E 0.1 ─┘   A 4.0
             =

AWL

U E 0.0
U E 0.1
NOT
= A 4.0

Programme:

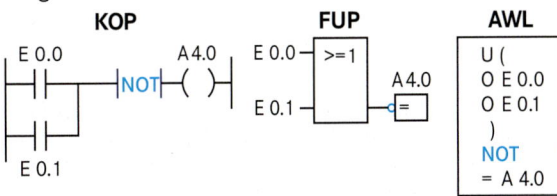

KOP

E 0.0   A 4.0
─┤├──NOT─( )
E 0.1

FUP

E 0.0 ─┐ >=1
E 0.1 ─┘   A 4.0
             =

AWL

U (
O E 0.0
O E 0.1
)
NOT
= A 4.0

3.2.4 Negieren von Eingängen: Abfrage auf den Signalzustand „0"

Bisher wurden Eingänge stets nicht-invertiert abgefragt. Ein nicht-invertierter Eingang ist dann aktiv, wenn an ihm ein „1"-Pegel anliegt. Liegt an ihm ein „0"-Signal, so kann dieser Eingang keinen Beitrag zur Verknüpfung liefern, manchmal sogar die gesamte Verknüpfung blockieren (z. B. UND-Glied).

In der Praxis wird es jedoch häufig vorkommen, dass Geber (Sensoren) im unbetätigten Zustand Spannung an den Eingang liefern und diese erst bei Betätigung wegschalten.

Derartige Geber besitzen Öffner-Funktion, sie schalten die Steuerspannung bei Betätigung ab.

Aus Sicherheitsgründen (s. Drahtbruchsicherheit) sind solche Geber zum Ausschalten von Anlagen teilweise sogar vorgeschrieben.

Um die Betätigung derartiger Geber festzustellen, müssen sie in STEP 7 auf den Signalzustand „0" abgefragt werden.

Diese Abfrage erfolgt in AWL durch das Zeichen „N" nach der Operation (U**N**, O**N** ...) bzw. durch entsprechende grafische Kennzeichnung in KOP und FUP.

Darstellung von invertierten Einträgen:

KOP	FUP	AWL
E 0.0 ⊣/⊢ ...... ⊣	E 0.0 ─o⊐	UN E 0.0 bzw. ON E 0.0

a) UND-Verknüpfung mit negierten Eingängen

In der folgenden Schaltung soll die Leuchte P2 erst dann leuchten, wenn das Hilfsschütz K1 abgefallen ist. Dazu müssen die beiden Öffner-Taster S0 und S1 betätigt sein. (Beachten Sie, dass K1 bereits im Ruhezustand der Schaltung angezogen ist, was auch im Stromlaufplan so dargestellt ist.)

Bei Betätigung liefern die beiden Taster jeweils ein „0"-Signal, weshalb sie negiert (auf „0") abzufragen sind.

E 0.0	$\overline{E\,0.0}$	E 0.1	$\overline{E\,0.1}$	A 1.0
0	1	0	1	1
0	1	1	0	0
1	0	0	1	0
1	0	1	0	0

Wahrheitstabelle

Auftrag: Vergleichen Sie die Wahrheitstabelle dieser Schaltung mit der NOR-Schaltung (s. 3.2.3).

Ergebnis: Negiert man die Eingänge eines UND-Gliedes, so verhält sich die Schaltung wie eine NOR-Verknüpfung.

Diese beiden Verknüpfungen liefern am Ausgang identische Ergebnisse.

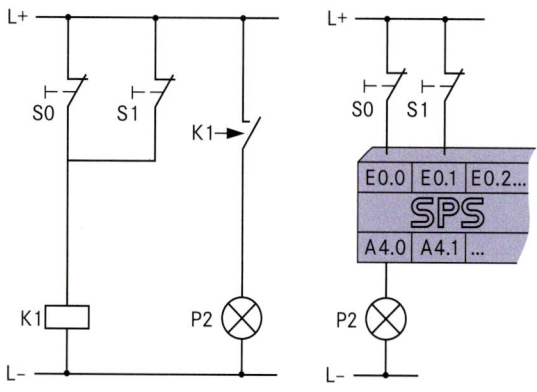

Programme:

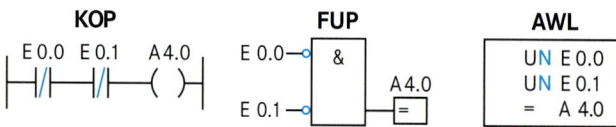

KOP	FUP	AWL
E 0.0 E 0.1 A 4.0 ⊣/⊢⊣/⊢─( )⊢	E 0.0 ─o& E 0.1 ─o── A 4.0 =	UN E 0.0 UN E 0.1 = A 4.0

b) ODER-Verknüpfung mit negierten Eingängen

In der folgenden Schaltung soll die Lampe P3 nur dann leuchten, wenn einer der Öffner-Taster S0 oder S1 betätigt wird.

Auf diese Weise könnte z. B. in einer NOT-AUS-Kette das Auslösen gemeldet werden. (Beachten Sie, dass Schütz K1 normalerweise angezogen hat, wie im Schaltplan dargestellt.)

Bei der Betätigung liefern die beiden Taster jeweils ein „0"-Signal, weshalb sie negiert (= auf „0" abzufragen sind. Da bereits das Auslösen **eines** Tasters für die Meldung reichen soll, werden die beiden Geber nach ODER verknüpft.

E 0.0	$\overline{E\,0.0}$	E 0.1	$\overline{E\,0.1}$	A 4.1
0	1	0	1	1
0	1	1	0	1
1	0	0	1	1
1	0	1	0	0

Wahrheitstabelle

Auftrag: Vergleichen Sie die Wahrheitstabelle dieser Schaltung mit der NAND-Schaltung (s. 3.2.3).

Ergebnis: Negiert man die Eingänge eines ODER-Gliedes, so verhält sich die Schaltung wie eine NAND-Verknüpfung.

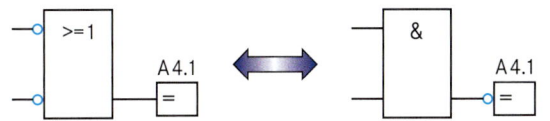

Diese beiden Verknüpfungen liefern am Ausgang identische Ergebnisse.

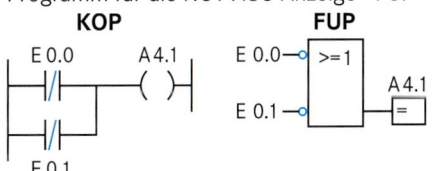

NOT-AUS-Anzeige

Programm für die NOT-AUS-Anzeige –P3:

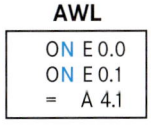

KOP	FUP	AWL

```
ON E 0.0
ON E 0.1
=  A 4.1
```

3.2.5 Sicherstellung der Drahtbruchsicherheit

Im Prinzip würde es bei speicherprogrammierten Steuerungen keine Rolle spielen, ob ein Geber Öffner- oder Schließerfunktion aufweist.

Durch Invertierung des betreffenden Einganges kann ein betätigter Öffner dasselbe Resultat wie ein betätigter Schließer erzielen.

Im Gegensatz zu Schützsteuerungen ist es zum Ausschalten eines Stellgliedes (z. B. Motorschütz, Ventil ...) nicht unbedingt erforderlich, den Geberstromkreis physikalisch aufzutrennen und so das Abfallen zu bewirken.

Wieso werden aber nach wie vor zweierlei Arten von Gebern (Öffner bzw. Schließer) eingesetzt?

Der Grund hierfür ist, dass in Steuerungen die sogenannte „Drahtbruchsicherheit" gewährleistet sein muss.

Dies bedeutet, dass die Maschine/Anlage auch im Falle eines Drahtbruches in einen sicheren Zustand gehen muss, bzw. gar nicht eingeschaltet werden kann.

Personen dürfen durch einen auftretenden Fehler in der Verdrahtung nicht gefährdet werden.

Dieser Forderung wird – bei Tasterbedienung – entsprochen, indem man für die Einschalt-Funktion Schließer und zum Ausschalten Öffner verwendet.

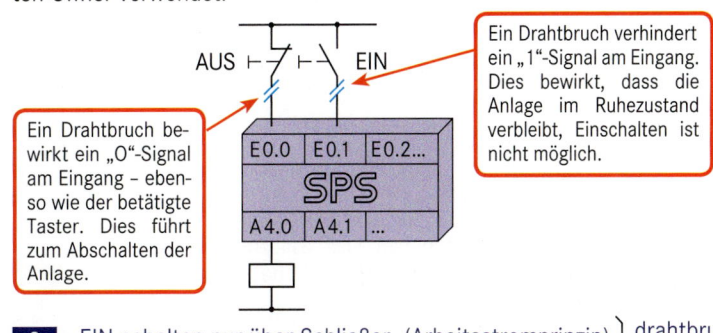

Ein Drahtbruch verhindert ein „1"-Signal am Eingang. Dies bewirkt, dass die Anlage im Ruhezustand verbleibt, Einschalten ist nicht möglich.

Ein Drahtbruch bewirkt ein „0"-Signal am Eingang – ebenso wie der betätigte Taster. Dies führt zum Abschalten der Anlage.

! EIN-schalten nur über Schließer (Arbeitsstromprinzip) ⎫ drahtbruchsichere
AUS-schalten nur über Öffner (Ruhestromprinzip) ⎭ Steuerung

Die Art des Gebers (Öffner/Schließer) legt aber noch nicht zwangsläufig fest, auf welchen Signalzustand („0" bzw. „1") der jeweilige Eingang abgefragt wird.

Jeder Geber kann – je nach Steuerungsaufgabe – auf „0"-Signal oder „1"-Signal hin abgefragt werden.

Es handelt sich um einen weitverbreiteten Irrtum, dass Öffner generell negiert abgefragt werden. Dies ist – leider – sogar in der Fachliteratur nicht auszurotten.

Das nachfolgende Beispiel verdeutlicht, dass ein Öffner in einer Steuerung dieselbe Reaktion bewirken kann, obwohl er einmal auf „1" und einmal auf „0" abgefragt wird.

Programmbeispiel: Motorsteuerung in Selbsthaltung

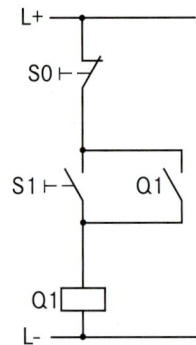 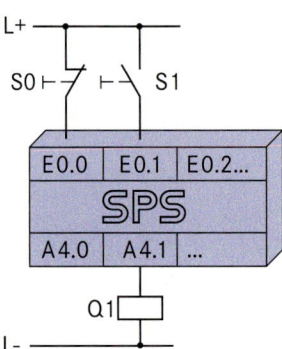

Das Programm kann auf zwei verschiedene Arten gestaltet sein:

a) ohne S-R-Speicherglied	**b) mit S-R-Speicherglied**
KOP-Darstellung: 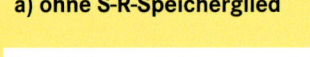	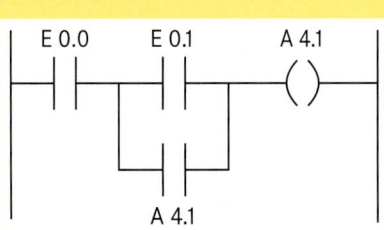
FUP-Darstellung: 	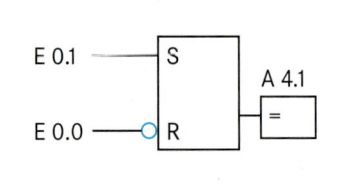

Wird kein Speicherglied verwendet, so muss die Selbsthaltefunktion durch Abfrage des Ausgangssignals realisiert werden.

Nach dem Einschalten hält sich der Ausgang so lange selbst, wie der Eingang E 0.0 unbetätigt ist.

Deshalb wird der Öffner auf „1" abgefragt.

Das S-R-Speicherglied benötigt am Set- bzw. Reset-Eingang ein „1"-Signal, um den jeweiligen Eingang zu aktivieren.

Der Schließer bringt dieses Signal bei Betätigung. Der Öffner muss invertiert werden, sonst würde er dauernd rücksetzen. Sobald er betätigt wird (also „0" liefert), bewirkt dies ein Rücksetzen des Ausgangs.

Eine speicherprogrammierbare Steuerung kann nicht erkennen, welche Art von Geber angeschlossen ist.

Sie registriert lediglich den Spannungspegel am Eingang („0" oder „1").

Der Programmierer muss die Art des Gebers (Öffner oder Schließer) und die Art des jeweiligen Signalpegels im Programm berücksichtigen.

 Öffner-Kontakte werden nicht generell auf „0"-Signal abgefragt.
Nur wenn bei deren Betätigung eine Aktion ausgeführt werden soll, muss der jeweilige Eingang negiert werden.
Die SPS stellt nur Signalpegel fest. Sie kann nicht erkennen, ob diese Signalpegel von Öffner- oder Schließer-Kontakten kommen.

Der Geber ist ein:	Der Geber ist ...	Signalzustand am Eingang:	Programmtechnische Auswertung:
Schließer	betätigt	1	U E ...　　bzw. O E ...
	unbetätigt	0	UN E ...　bzw. ON E ...
Öffner	betätigt	0	UN E ...　bzw. ON E ...
	unbetätigt	1	U E ...　　bzw. O E ...

3.3　Baustein-Typen und Programmstruktur

Bei umfangreichen Steueraufgaben unterteilt man das Steuerprogramm in überschaubare Programmbausteine (s. unten).

Diese Aufteilung bietet folgende Vorteile:
- übersichtliche Programmgestaltung und Dokumentation
- gleichzeitiges Arbeiten mehrerer Programmierer an einer Aufgabe (Teamwork)
- schrittweise Inbetriebnahme von Anlagenteilen
- einfachere Fehlersuche

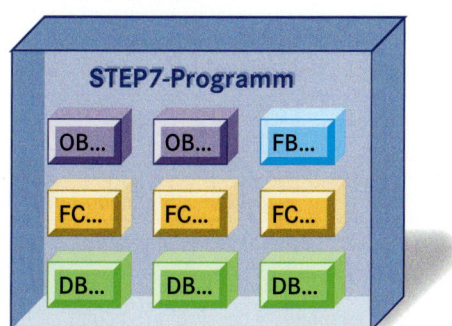

Man kann die Programm-Bausteine als Unterprogramme betrachten, die in ihrer Summe das Gesamtprogramm bilden.

Die einzelnen Bausteine-Typen (s. u.) unterscheiden sich in ihrem strukturellen Aufbau. Deshalb decken sie verschiedene Funktionen innerhalb eines STEP 7-Programmes ab.

Ein STEP 7-Programm muss mindestens folgende Bausteine enthalten: **OB 1 + FC**

3.3.1　Organisationsbaustein OB 1

Dieser **O**rganisations**B**austein wird regelmäßig vom Betriebssystem der CPU-Baugruppe aufgerufen.

Man sagt, er ist zyklusgetriggert. Im OB 1 stehen die Sprungbefehle zu anderen Bausteinen, z. B. zu den sog. Funktionen (FC). Diese enthalten das eigentliche Anwenderprogramm.

Der OB 1 hat also die Aufgabe, weitere Programmbausteine in einer festgelegten Reihenfolge aufzurufen. Ohne Aufruf der Funktionen (FC) im OB 1 würden diese nicht bearbeitet.

3.3.2　Funktion FC

Funktionen (**Fun**C**tions) enthalten das eigentliche Steuerprogramm. Sie werden in den meisten Fällen vom Anwender speziell für eine bestimmte Steuerungsaufgabe programmiert.

FCs reichen zur Steuerung vieler Steueraufgaben aus, sie können jedoch keine Daten speichern, weshalb man sie auch „Bausteine ohne Gedächtnis" nennt. Dazu müsste ein globaler Datenbaustein aufgerufen werden (s. Datenbausteine).

3.3.3 Programmstrukturen

a) Lineare Programmierung

Das gesamte Programm steht in einem einzigen Programmbaustein (z. B. OB 1).

Die Befehle werden nacheinander Zeile für Zeile (linear) abgearbeitet.

Nachteile:

– Nur für kleinere Programme geeignet, da bei umfangreicheren Steueraufgaben schnell der Überblick verloren geht.

– Teamarbeit durch gleichzeitiges Arbeiten mehrerer Programmierer an einem Software-Projekt ist nicht möglich.

– Starrer Ablauf, der stets die Abarbeitung aller Befehle verlangt.

Lineare
Programmierung

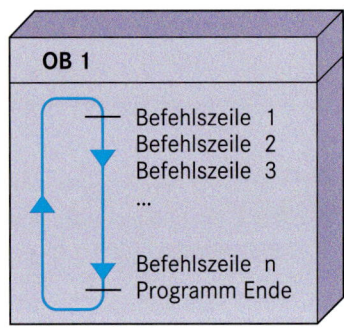

b) Strukturierte Programmierung

Das Anwenderprogramm ist in mehrere Bausteine gegliedert. Der Aufruf des OB 1 erfolgt durch das Betriebssystem. Dort wird auf weitere Bausteine des Anwenderprogramms verzweigt.

Strukturierte
Programmierung

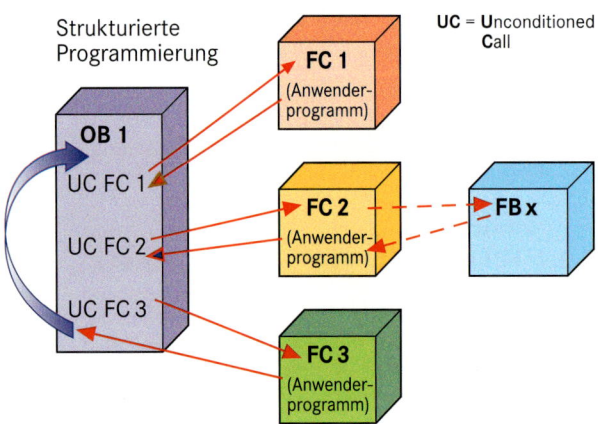

Vorteile der strukturierten Programmierung:

– Der gegliederte Aufbau des Programms schafft einen besseren Überblick.

– Paralleles Programmieren (Teamwork) wird möglich.

– Die einzelnen Programmteile können bestimmten Anlagenteilen, Gruppen, Maschinen (-einheiten) zugeordnet werden.

– Die Inbetriebnahme kann schrittweise (ein FC nach dem anderen) erfolgen.

– Programmteile (z. B. FBs s. u.) können mit verschiedenen Parametern mehrfach verwendet werden.

– Nicht benötigte Programmteile können übersprungen werden (bedingter Aufruf, **CC** = **C**onditioned **C**all).

3.3.4 STEP 7 Bausteine-Typen

a) Organisationsbausteine OBs

Neben dem OB 1 gibt es in STEP 7 noch eine Reihe weitere OBs.

Die Aufgabe des jeweiligen Organisationsbausteines geht aus seiner Nummer hervor.

In den meisten Fällen werden OBs aufgerufen bei:

– Alarmen

– Fehlern

– Anlauf der SPS

Organisations-baustein	Aufruf-Ursache
OB 1	Zyklischer Programmaufruf
OB 10 – 17	Uhrzeit-Alarme
OB 20 – 23	Verzögerungsalarme
OB 30 – 38	Weckalarme (5 s; 2 s; 1 s; 0,5 s; 0,2 s; 0,1 s ...)
OB 40 – 47	Prozessalarme
OB 50 – 51	Kommunikationsalarme
OB 80	Zeitfehler
OB 81	Stromversorgungsfehler
OB 82	Diagnosealarm
OB 83	Ziehen-/ Stecken-Alarm
OB 84	CPU-Hardwarefehler
OB 86	Baugruppenträgerausfall
OB 87	Kommunikationsfehler
OB 100	Neustart
OB 101	Wiederanlauf
OB 121	Programmierfehler
OB 122	Zugriffsfehler

Tab. 1: Übersicht der Organisations-bausteine in STEP 7

FC xx

b) Funktionen FCs

Funktionen sind nicht-parametrierbare Bausteine für das Anwenderprogramm (s. 3.3.2).

FB xx

c) Funktionsbausteine FBs

Funktionsbausteine verfügen über eigenen Speicherplatz für Variablen. Dieser befindet sich in einem zugeordneten „Instanz-DB" (Datenbaustein).

FBs verfügen zumeist über parametrierbare Ein-/Ausgangsvariablen.

Deshalb sind sie „Standard-Programme", die durch entsprechende „Wertevorgabe" (Eingangs-Variablen) ihr Verhalten ändern.

Beispiel Regler-FB:

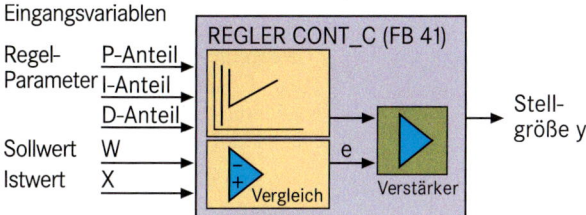

Eingangsvariablen
Regel-Parameter: P-Anteil, I-Anteil, D-Anteil
Sollwert W
Istwert X
Stellgröße y

REGLER CONT_C (FB 41)
e Vergleich Verstärker

Stark vereinfachte Darstellung eines Regler-FBs
(FB 41 CONT_C = Continious Controller)

d) Systemfunktionen SFCs und Systemfunktionsbausteine SFBs

Bei diesen Bausteintypen handelt es sich um vorprogrammierte und getestete Bausteine, die im Betriebssystem der CPU integriert sind, weshalb sie nicht geladen werden müssen.

Sie werden vom Anwenderprogramm aus aufgerufen. Ein Verändern der Bausteine ist wegen ihrer Integration in das Betriebssystem nicht möglich.

DB xx

e) Datenbausteine DBs

In DBs werden nur Daten, jedoch keine Befehle abgelegt. Sie haben die Funktion eines Schreib-/Lesespeichers. Man kann sich Datenbausteine als Tabellen vorstellen, in denen Werte für die anderen Bausteine des STEP-7-Programmes hinterlegt sind.

Man unterscheidet zwei Typen von Datenbausteinen:

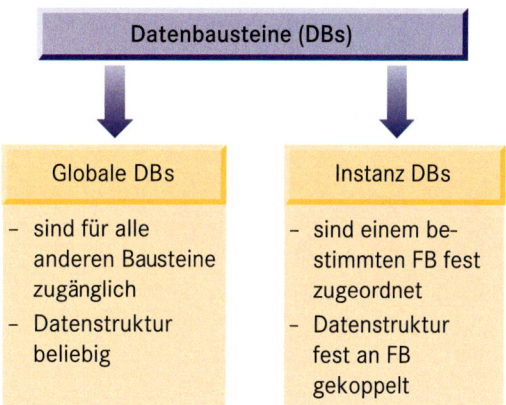

Datenbausteine (DBs)

Globale DBs	Instanz DBs
– sind für alle anderen Bausteine zugänglich – Datenstruktur beliebig	– sind einem bestimmten FB fest zugeordnet – Datenstruktur fest an FB gekoppelt

Standard-Datentypen:

Die Daten eines DBs müssen von ihrer Form her mit den sog. „Standard-Datentypen" der Sprache STEP 7 übereinstimmen.

Datentyp	Beschreibung	Wertebereich
BOOL	Bit	TRUE oder FALSE (0/1)
BYTE	Byte	Hex: B#16#0 bis B#16#FF
WORD	Wort	Hex: W#16#0 bis W#16#FFFF
DWORD	Doppelwort	Hex: DW#16#0 bis DW#16#FFFF_FFFF
CHAR	Zeichen	z. B.: „A"
INT	Ganzzahl	-32768 bis 32767
S5TIME	Zeit in S5-Format	z. B.: S5T#4s

Ausschnitt eines STEP 7-Datenbausteins:

DB1 -- BR_DBaustein\SIMATIC 300(1)\CPU 315-2 DP

Adresse	Name	Typ	Anfangswert	Kommentar
0.0		STRUCT		
+0.0	WERT1	BYTE	B#16#1B	Byte mit Wert 16 + 11 (B) = 27
+2.0	WERT2	WORD	W#16#1B00	Wort mit Wert 4096 + 2816 = 6912
+4.0	WERT3	BOOL	TRUE	Bit mit Wert "1"
+4.1	WERT4	BOOL	FALSE	Bit mit Wert "0"
+6.0	WERT5	INT	345	Ganzzahl
+8.0	WERT6	S5TIME	S5T#23S	Zeit fuer Timer 23s

3.4 Programmbearbeitung in der CPU

In der CPU-Baugruppe laufen grundsätzlich zwei verschiedene Programme ab:

- das Betriebssystem und
- das Anwenderprogramm (STEP 7-Bausteine)

3.4.1 Aufgaben des Betriebssystems

Das Betriebssystem ist fest im ROM-Speicher der CPU-Baugruppe installiert.

Es steuert alle Abläufe innerhalb der CPU, die nicht zu einer konkreten Steuerungsaufgabe gehören.

- Neustart und Wiederanlauf der SPS (= Übergang STOP → RUN)
- Zyklischer Aufruf des Anwenderprogrammes (OB 1, evtl. weitere OBs)
- Zwischenspeichern von Eingangs-/Ausgangszuständen im sog. „Prozessabbild" (PAE, PAA)
- Erfassen von Alarmen → Aufruf der Alarm-OBs
- Erkennen und Behandeln von Fehlern (z. B. STOP der CPU)
- Verwalten des Speichers
- Kommunikation mit Programmiergeräten und anderen Teilnehmern

3.4.2 Zyklische Bearbeitung des Anwenderprogramms

Das Anwenderprogramm setzt sich aus den einzelnen, aufgabenspezifischen Programm-Bausteinen des STEP 7-Programms zusammen.

Es wird vom Anwender im Programmiergerät (PG) „offline" erstellt und anschließend „online" zum Automatisierungssystem (AS) übertragen.

Im Anwenderprogramm sind alle Funktionen festgelegt, die für einen bestimmten Automatisierungsprozess erforderlich sind.

In der Automatisierungstechnik sind Anlagen und Prozesse meist ständig zu überwachen. Deshalb muss auch das Anwenderprogramm kontinuierlich durchlaufen werden.

Nur so kann auf Änderungen der Eingangssignale (z. B. **DI** = **D**igital **I**nput) innerhalb kurzer Zeit eine entsprechende Reaktion auf der Ausgangsseite (z. B. **DO** = **D**igital **O**utput) erfolgen.

Bei zeitkritischen Vorgängen (z. B. NOT-AUS, Not-HALT) kann es u. U. erforderlich sein, den zugehörigen Eingangssignalen und Ausgangsreaktionen eine höhere Priorität zu verleihen, da es sonst bei langen Programmen aufgrund der Zykluszeit (= Zeit

für einen vollständigen Programmdurchlauf) zu Verzögerungen kommen könnte.

Derart zeitkritische Reaktionen werden programmtechnisch mit Hilfe sog. „Alarme" realisiert.

Kontinuierliche Programmbearbeitung:

UND-Verknüpfung zweier Taster (Beispiel)

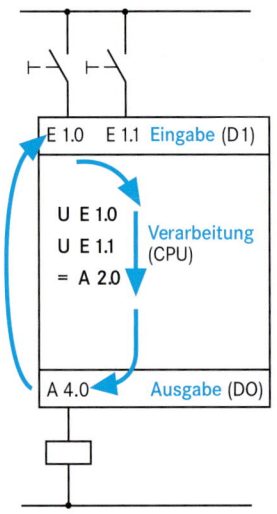

Das Programm in der CPU einer SPS wird fortwährend durchlaufen (allerdings nur die Bausteine, die in OB 1 aufgerufen werden).

Es gibt normalerweise keine Unterbrechung des Programmzyklus. Zu Beginn des Durchlaufes werden alle Eingangssignale gelesen. Dann überprüft das Programm, ob die Eingangszustände eine Änderung der Ausgänge bewirken sollen.

Zuletzt wird der aktuelle Zustand der Ausgänge an den Ausgabegruppen aktualisiert.

> **!** Die Zeitspanne für die einmalige Bearbeitung aller Anweisungen des Anwenderprogramms (OBs, FCs ...) nennt man Zykluszeit.
> Der einmalige Durchlauf des Programms wird als Programmzyklus bezeichnet.

Echtzeitfähigkeit von Steuerungen

Häufig wird an Steuerungen die Anforderung der Echtzeitfähigkeit gestellt. Darunter versteht man, dass auf Ereignisse in einer ausreichend kurzen Zeitspanne reagiert werden kann.

Beispiel: Ein Behälter soll genau dann stoppen, wenn er in den Strahl einer Lichtschranke fährt. ① Echtzeitfähigen Steuersystemen gelingt dies, bei langsamen Systemen könnte der Behälter ein Stück weit über die Sollposition hinausfahren. ②

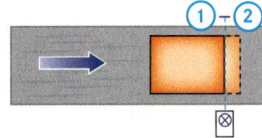

Da SPS-Geräte wegen der Programmzykluszeit (Zeit für einen Programmdurchlauf) stets gewisse Verzögerungszeiten haben, reagieren sie häufig mit einigen Millisekunden Verspätung.

Je schneller die Produktionsprozesse ablaufen, desto schneller und leistungsfähiger muss die SPS sein, um in Echtzeit reagieren zu können.

3.4.3 Prozessabbilder der Ein- und Ausgänge

In automatisierten Anlagen und Maschinen werden die Abläufe durch Sensoren überwacht. Deren Signale gelangen über die Eingabebaugruppen zur CPU. Üblicherweise unterliegen die Eingangssignale der SPS ständigen Signaländerungen.

Da das Programm ständig durchfahren wird, könnte die Änderung eines Eingangssignals an jeder beliebigen Stelle des Programmablaufes erfolgen.

Es wäre also möglich, dass ein Eingang am Beginn des Programms den Zustand „0" besitzt, während er zu einem späteren Zeitpunkt (nach Betätigung des Sensors) ein „1"-Signal erhalten würde.

Für die Programmbearbeitung wäre dieser Signalwechsel ungünstig, da derselbe Eingang innerhalb des Programmzyklus zwei verschiedene Zustände aufweisen würde.

In gleicher Weise wie Eingangssignale während des Programmzyklus wechseln, könnte dies auch auf Ausgangssignale zutreffen.

Die Ausgangssignale werden über das Programm beeinflusst, und es könnte durchaus zutreffen, dass während des Programmdurchlaufes das Ausgangssignal geändert würde (s. nachfolgendes Beispiel).

Aus den aufgezeigten Gründen muss dafür gesorgt werden, dass die Zustände der Ein- und Ausgänge während eines Programmdurchlaufes konstant gehalten werden.

Dazu werden die Eingangs- und Ausgangssignale in den so genannten **Prozessabbildern** zwischengespeichert. Es handelt sich dabei um Register, in denen Kopien der jeweiligen Ein-/Ausgangszustände gespeichert werden.

Diese Register werden für die Dauer des Programmdurchlaufes nicht verändert.

PAE = **P**rozess-**A**bbild der **E**ingänge → wird am Beginn des Programms aktualisiert

PAA = **P**rozess-**A**bbild der **A**usgänge → wird am Ende des Programms aktualisiert

> **!** Die Prozessabbilder PAE und PAA halten die Signalzustände der Ein- und Ausgänge während des Programmdurchlaufs konstant.
> Damit werden wechselnde Signalzustände während der Programmbearbeitung verhindert.

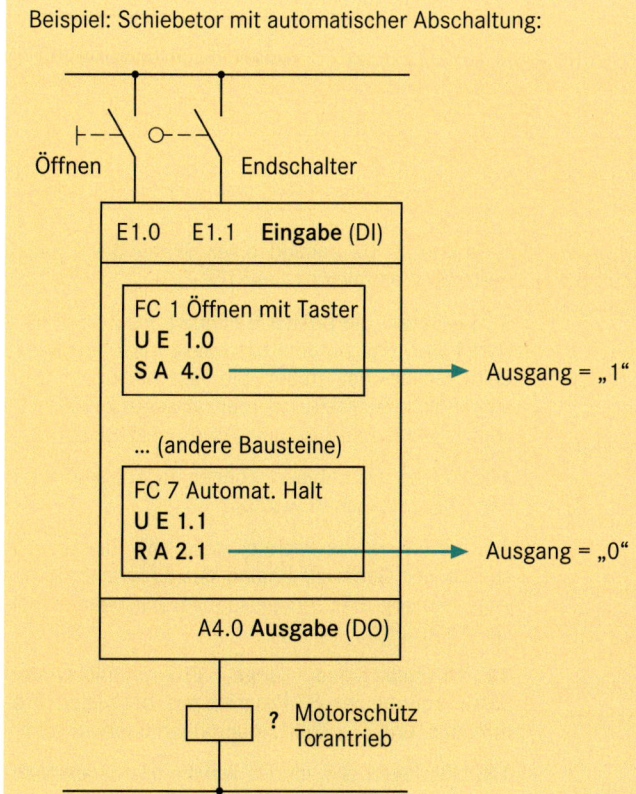

Beispiel: Schiebetor mit automatischer Abschaltung:

Ein motorbetriebenes Schiebetor soll mittels Handtaster geöffnet werden.

Beim Betätigen des Tasters wird der Ausgang 4.0 gesetzt (S = SET). Das Tor beginnt dann zu öffnen, bis es in die End-Position gefahren ist.

Der Endschalter E 1.1 setzt den Ausgang zurück (R = RESET). Das Tor wird dann nicht mehr angetrieben.

Wird Taster E 1.0 betätigt, obwohl das Tor offen steht, würde der Ausgang zeitweise eingeschaltet (FC 1). Erst bei FC 7 würde er wieder abgeschaltet.

Dies könnte zu Schäden am Antrieb des Tores führen.

Der Ausgang würde „flattern", was undefinierte Zustände in einer Anlage zur Folge haben kann.

Dies wird jedoch durch das SPS-spezifische Handling der Ein- und Ausgänge unterbunden (s. oben).

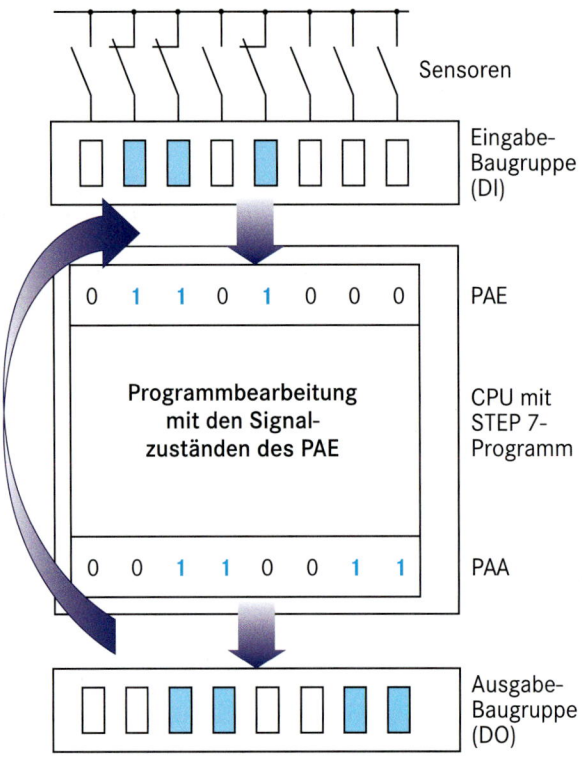

Die Aktivierung eines Sensors bewirkt erst zu Beginn des nächsten Programmzyklus eine Änderung im PAE.

Zu Beginn des Programmzyklus wird das PAE aktualisiert, d. h., der momentane Zustand aller Eingänge wird gespeichert („Foto").

Während der Programmbearbeitung wird nur auf das PAE zugegriffen, nicht auf die Eingänge selbst. Änderungen der Ausgangszustände werden im PAA abgelegt.

Am Ende des Programmzyklus wird das PAA an die Ausgänge überspielt, wodurch diese gesammelt aktualisiert werden.

Aufgaben

1. Zählen Sie die drei möglichen Darstellungsarten eines STEP 7-Anwenderprogramms auf. Nennen Sie Gründe, die den Programmierer bei der Wahl der Darstellungsart beeinflussen können.

2. Welche der drei Darstellungsarten ist die mächtigste, d. h., dass sie die meisten Befehle zulässt?

3. Erläutern Sie an einer einfachen Programmzeile den Aufbau von AWL-Befehlen.

4. Wie lässt sich bei SPS-Steuerungen die Drahtbruchsicherheit gewährleisten?

5. Nennen Sie vier verschiedene Software-Bausteinetypen, die sich mit dem Programmpaket STEP 7 erstellen lassen.

6. Welche beiden Bausteine müssen mindestens vorhanden sein, damit ein strukturiertes Programm im Automatisierungssystem ablaufen kann?

7. Erläutern Sie die Funktion der Organisationsbausteine OB 1 und OB 100.

8. Erläutern Sie anhand einer Skizze die strukturierte Programmierung bei STEP 7.

9. Sie haben die beiden Bausteine FC 2 und FC 4 vom PG in das Automatisierungsgerät übertragen. Beim Online-Test stellen Sie fest, dass die Bausteine nicht bearbeitet werden. Welcher Fehler liegt vor?

10. Welche Datentypen können in Datenbausteinen (DB) gespeichert werden?

11. Warum ist es wichtig, dass alle Eingangszustände der Geber zu Beginn des Programmdurchlaufes im sog. PAE (Prozessabbild) zwischengespeichert werden?

12. Weshalb sind lange Programmlaufzeiten (Zykluszeiten) des S7-Programmes bei vielen Produktions- und Transportsteuerungen unerwünscht?

13. Überlegen Sie, durch welche Hardware-Maßnahmen man in großen Anlagen allzu lange Zykluszeiten von S7-Programmen verhindern kann.

Unter einem „Projekt" versteht man die Gesamtheit aller Programmbestandteile, die einer bestimmten Anlage bzw. Einheit zugeordnet sind.

Ein Projekt muss zumindest aus der sog. Hardware-konfiguration und aus dem Anwenderprogramm bestehen.

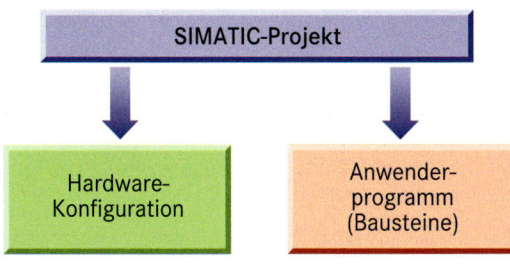

Hardwarekonfiguration = Baugruppenauswahl,
Baugruppenanordnung
und Netzstruktur

Anwenderprogramm = Software-Bausteine,
die den Steuerungs-
ablauf festlegen

Um das Programmpaket STEP 7 auszuführen, wird als Erstes der SIMATIC-Manager aufgerufen, der die eigentliche „Zentrale" von STEP 7 darstellt.

Von ihm aus können alle weiteren Funktionen aufgerufen werden.

SIMATIC Manager starten

Gestartet wird der Manager im Windows Startmenü über den Ordner „SIMATIC" und der Programm-gruppe „Step 7" oder über einen Doppelklick auf die Desktopverknüpfung „SIMATIC Manager".

„SIMATIC Manager"-
Desktopverknüpfung

Ein Projekt kann auf zweierlei Arten erstellt werden:

– indem man nach dem Start des SIMATIC-Ma-nagers auf die Schaltfläche „Neues Projekt" klickt

oder

– Ausführen des STEP 7-Assistenten (s. unten)

4.1 Erstellen eines Projektes mit dem STEP 7-Assistent

Der STEP 7-Assistent hilft dem unerfahrenen Nutzer dabei, ein neues Projekt schrittweise anzulegen.

Nach der Installation des STEP 7-Programmpaketes startet der Assistent automatisch.

Dieser automatische Start kann durch eine Markierung (s. unten) aktiviert bzw. unterbunden werden.

Falls der STEP 7-Assistent nicht startet, gehen Sie auf Menüpunkt „Datei" und starten Sie den STEP 7-Assistent von dort aus.

Hier kann der automatische Start des Assistenten aktiviert werden.

Nachdem Sie [Weiter >] betätigt haben, werden Sie aufgefordert, die verwendete CPU–Baugruppe auszuwählen.

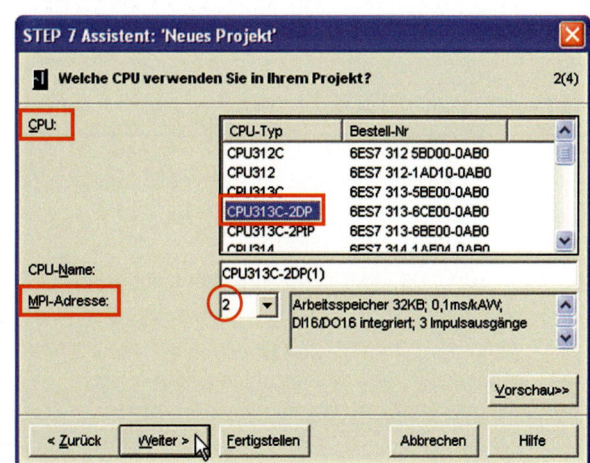

MPI-Adresse 2 bedeutet, dass das Verbindungs-kabel zur SPS an der Schnittstelle 2 des PC/PG angeschlossen wird (MPI = Multi Point Interface).

Das Einfügen des Organisationsbausteines OB 1 ist bereits voreingestellt und wird mit „WEITER>" bestätigt. Die voreingestellte Darstellungsart AWL wird übernommen, sofern dies gewünscht wird, ansonsten ist auch eine andere Darstellungsart möglich.

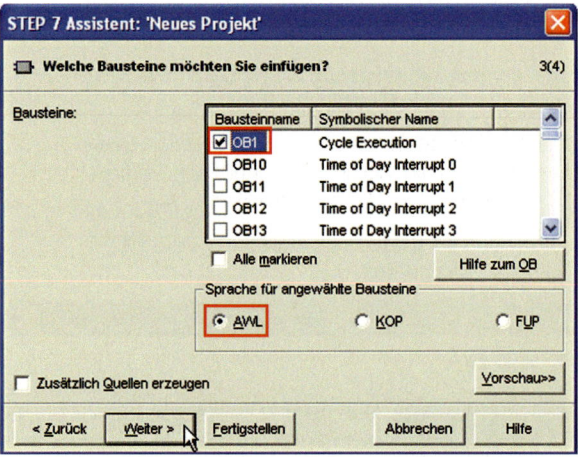

Geben Sie Ihrem Projekt einen Namen. Dieser wird Ihnen zumeist vom Lehrer/Kursleiter mitgeteilt. Anschließend können Sie das Projekt mittels „Fertigstellen" speichern.

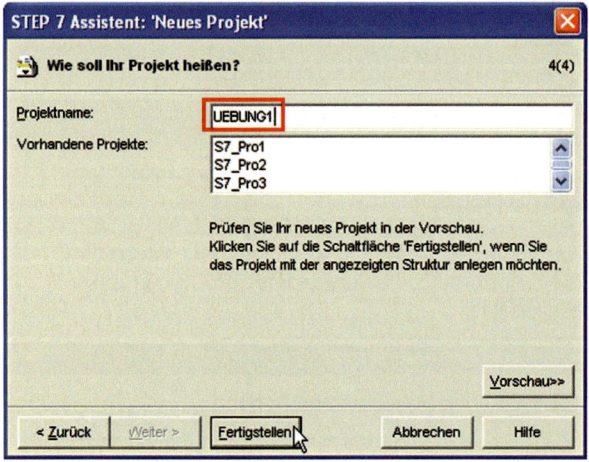

Falls kein anderer Pfad voreingestellt wurde, wird Ihr Projekt unter folgendem Pfad abgelegt:

    C:\SIEMENS\STEP7\S7proj

    (C:\ ; D:\ oder E:\ = Festplatte, auf der STEP 7 installiert ist)

Da Ihr Projekt in diesem Directory ein neuer Unterordner ist, finden Sie das obige Beispiel unter:

    C:\SIEMENS\STEP7\S7proj\UEBUNG1

    wieder.

(natürlich können auch andere Laufwerke und Pfade gewählt werden)

Das neu angelegte Projekt wird nun folgendermaßen angezeigt:

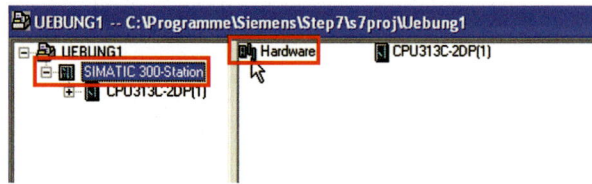

Wenn Sie auf „SIMATIC 300-Station" klicken, können Sie auf die hardwarebezogenen Projektdaten zugreifen.

Um die eingesetzten Hardwarekomponenten zu ändern oder zu ergänzen, müssten Sie das Symbol „Hardware" im rechten Fenster anklicken (s. u. Pkt. 4.2 Hardware-Konfiguration).

Wenn Sie auf „S7-Programm" klicken, können Sie alle Software-Komponenten des Projektes anzeigen.

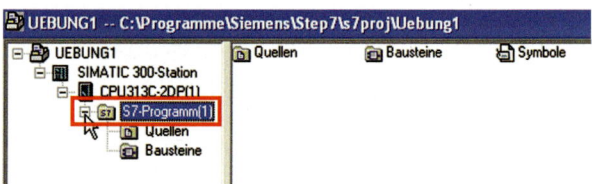

Der Ordner „Bausteine" enthält alle Bausteine (s. Bausteine-Typen) des STEP 7-Programmes für dieses Projekt.

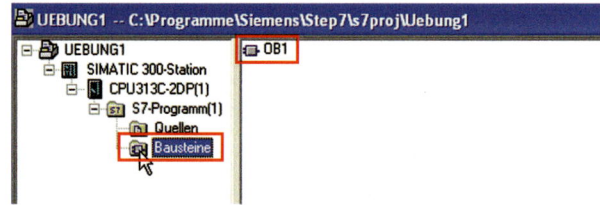

Wenn man den Ordner „Bausteine" auswählt, erscheinen im rechten Fenster alle Bausteine, die im Projekt enthalten sind.

Bei neuen Projekten wird normalerweise kein Software-Baustein vorzufinden sein.

Nur wenn das Projekt über den SIMATIC-Assistenten angelegt wurde, ist bei entsprechender Vorwahl bereits ein Organisationbaustein OB 1 vorhanden (s. oben).

Durch Drücken der rechten Maustaste im rechten Fenster können neue Bausteine hinzugefügt werden (= „Neues Objekt einfügen").

4.2 Hardwarekonfiguration

Vor der Softwareerstellung sollten im Projekt die verwendeten Hardware-Baugruppen festgelegt werden.

Prinzipiell ist dies auch später möglich. Im Sinne einer logischen Vorgehensweise erfolgt jedoch die Festlegung der Hardware vor der Programmierung.

Ein Automatisierungssystem (AS) muss mindestens folgende Bestandteile enthalten:

- Profilschiene (Rack 300):

  Es handelt sich hierbei schlicht um eine Alu-Schnappschiene. Die Software verlangt diese jedoch, weil nur eine bestimmte Anzahl von Baugruppen pro Schiene möglich sind.

- Power Supply (PS 300):

  Die Stromstärke des Netzgerätes muss zum Anlagenumfang passen, damit es nicht überlastet wird (s. 2.2).

- Zentralbaugruppe (CPU) :

  Falls die CPU-Baugruppe bereits Ein-/Ausgabebaugruppen enthält (z. B. CPU312 IFM, 314 IFM), ist das AS bereits einsatzfähig.

  Bei anderen CPU-Baugruppen (z. B. 315-2DP) müssen zusätzliche E/A-Baugruppen (SM 300) gesteckt und konfiguriert werden.

Mit dem STEP 7-Assistent haben Sie bereits die Komponenten

- Profilschiene und

- Zentralbaugruppe

in das Projekt eingefügt.

Es fehlt jedoch noch der endgültige Ausbau (Power Supply, evtl. E/A-Baugruppen ...).

Es ist auch möglich, die gesamte Hardware – also angefangen bei der Profilschiene – „von Hand" einzufügen, ohne den Assistenten zu benutzen. Ein geübter Anwender wird dies tun, da dann mit Sicherheit der richtige CPU-Baugruppenstand (Bestellnummer) beachtet wird.

Bei Verwendung des STEP 7-Assistenten müssen Sie überprüfen, ob die Bestellnummer der vorgesehenen CPU-Baugruppe mit dem Eintrag in der Software (Bestellnummer vergleichen!) übereinstimmt (s. unten).

 Generell gilt:
Überprüfen Sie bei jeder eingefügten Baugruppe, ob die Bestellnummer im STEP 7-Programm mit dem Aufdruck auf der Baugruppe übereinstimmt. Ansonsten kann es zu einer fehlerhaften Programmierung kommen!

Weil das STEP 7-Programm eine detaillierte Angabe des Baugruppenstandes (geht aus der Bestellnummer hervor) verlangt, kann es vorkommen, dass neuere Baugruppen von einer veralteten Software nicht mehr erkannt werden. Aus diesem Grunde kann es notwendig sein, ein regelmäßiges Update der STEP 7-Software vorzunehmen.

4.2.1 Hardwarekonfiguration durchführen

Es wird davon ausgegangen, dass Sie mit dem STEP 7-Assistenten bereits ein Projekt angelegt haben, so dass bereits die Profilschiene und eine CPU-Baugruppe in der Hardwarekonfiguration vorhanden sind.

→ Markieren Sie im Projekt den Ordner „Simatic 300 Station"

→ Klicken Sie im rechten Fenster das Symbol „Hardware" doppelt an

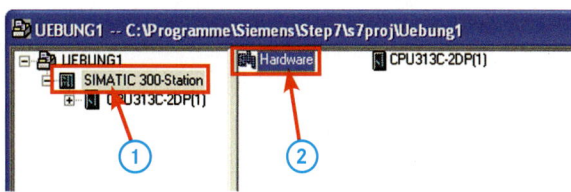

→ Es öffnet sich die Seite „HW Konfig" (Hardware Konfiguration, s. unten)

4.2.2 Überprüfen und Abändern der CPU-Baugruppendaten

Sie sehen, dass sich die Zentralbaugruppe (CPU) auf Steckplatz 2 befindet.

Steckplatz 1 ist für die Spannungsversorgung (PS 300) vorgesehen.

Achtung: Steckplatz 3 ist reserviert für Anschaltbaugruppen (= Kopplung mehrzeiliger Automatisierungsgeräte). Im einreihigen Aufbau **muss** dieser Platz **frei bleiben**!

→ Überprüfen Sie bitte, ob die Bestellnummer der CPU-Baugruppe mit Ihrer Hardware übereinstimmt (s. unten)

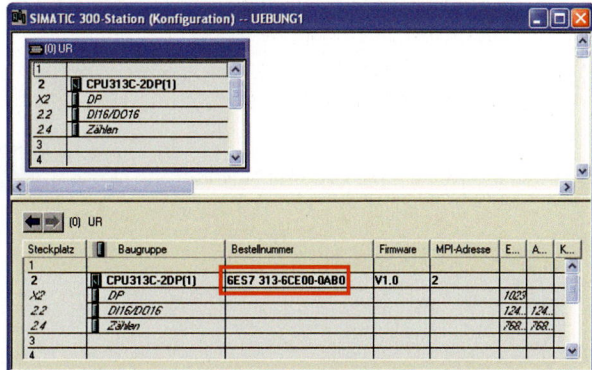

Falls die Bestellnummer übereinstimmt, gehen Sie zum Punkt b), ansonsten ändern Sie die Baugruppe wie folgt ab:

→ Markieren Sie im oberen linken Rahmen die Baugruppe mit der rechten Maustaste ①

→ Wählen Sie mit der linken Maustaste die Option „Löschen" aus / 2 mal mit „JA" bestätigen ②

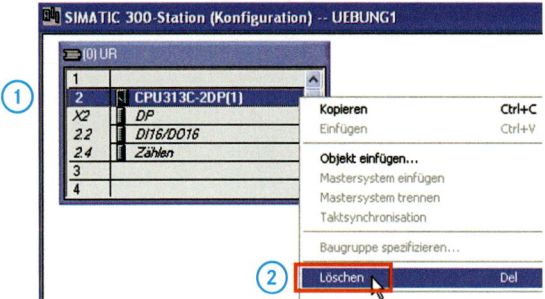

→ Falls der „Hardwarekatalog" (Fenster auf rechter Seite) nicht geöffnet ist, betätigen Sie am oberen Bildschirmrand den Button „Katalog"

 Button „Katalog" öffnet den Hardewarekatalog

→ Wählen Sie die gesuchte CPU-Baugruppe aus, indem Sie von CPU 300 ausgehend die „+"-Felder anklicken, bis Sie auf der Ebene der Bestellnummern angelangt sind ③

→ Ziehen Sie die gewünschte Baugruppe per „Drag and Drop" an den freien Steckplatz 2 ④

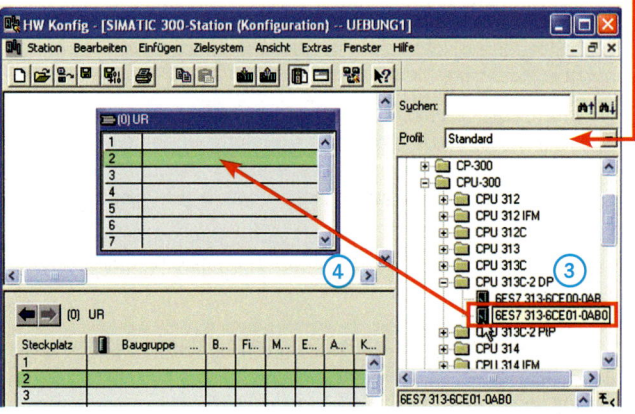

4.2.3 Hinzufügen der Spannungs-versorgung PS 300

→ Selektieren Sie die benötigte Spannungsquelle, indem Sie im Hardware-Katalog das „+"-Feld bei „PS 300" anklicken.

→ Ziehen Sie die gewünschte Spannungsversorgung mittels „Drag and Drop" auf den Steckplatz 1.

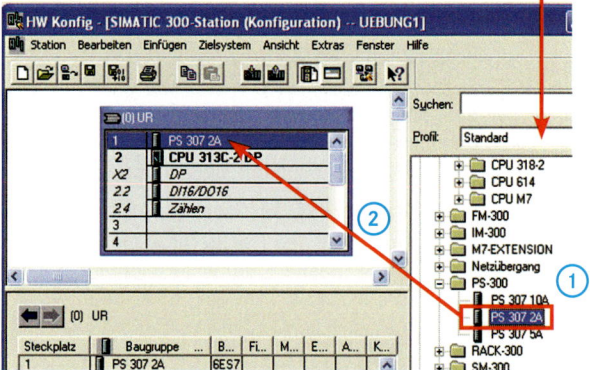

4.2.4 Hinzufügen weiterer Bau-gruppen

Nachdem Profilschiene, Spannungsversorgung und Zentralbaugruppe eingefügt wurden, sind einige Automatisierungsgeräte (z. B. S7-313 C) bereits einsatzfähig.

In den CPU-Baugruppen dieser Automatisierungsgeräte sind nämlich Ein-/Ausgänge integriert. Die Anzahl der Ein-/Ausgänge ist jedoch beschränkt.

Deshalb ist es bei größeren Automatisierungsaufgaben notwendig, die SPS um weitere Baugruppen zu ergänzen.

Die erforderliche Anzahl von Ein-/Ausgabebaugruppen ergibt sich aus der Summe der Sensoren bzw. Aktoren. Es sollte auch stets eine gewisse Anzahl von freien Ein- und Ausgängen als Reserve berücksichtigt werden.

In vielen CPU-Baugruppen (z. B. S7-315-2DP) sind keine Ein-/Ausgänge integriert, weshalb es hier zwingend notwendig ist, Ein-/Ausgabebaugruppen hinzuzufügen.

 Generell gilt:
Der Steckplatz 3 ist bei einzeiligem Aufbau frei zu halten. Er darf keine Baugruppen enthalten. Die STEP 7-Software lässt eine Belegung dieses Platzes durch Anschaltbaugruppen (IM 36x) zu. Diese dienen zur Kopplung mehrerer Reihen beim mehrzeiligen Aufbau von umfangreichen Automatisierungssystemen.

Am Beispiel einer Digital-Eingabebaugruppe soll erläutert werden, wie man weitere Baugruppen in das AG integriert.

→ Selektieren Sie die benötigte Eingabe-Baugruppe, indem Sie im Hardware-Katalog das „+"-Feld bei „SM 300" anklicken.

→ Ziehen Sie die gewünschte Baugruppe mittels „Drag and Drop" auf den Steckplatz 4 (Platz 3 muss frei bleiben!)

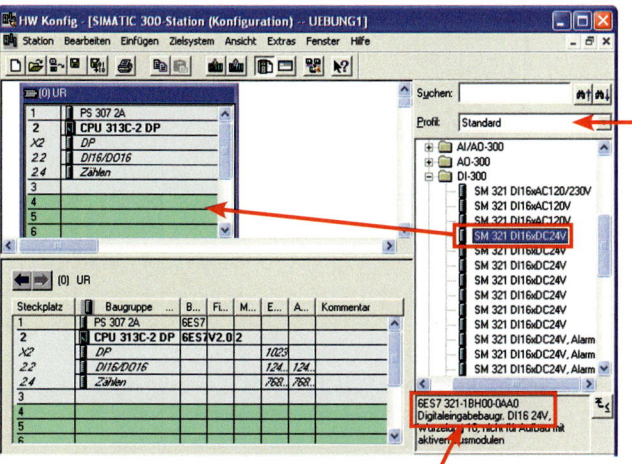

Bei Auswahl der Baugruppe erscheint unten im Fenster die zugehörige Bestellnummer. Überprüfen Sie, ob diese mit der eingesetzten Hardware übereinstimmt.

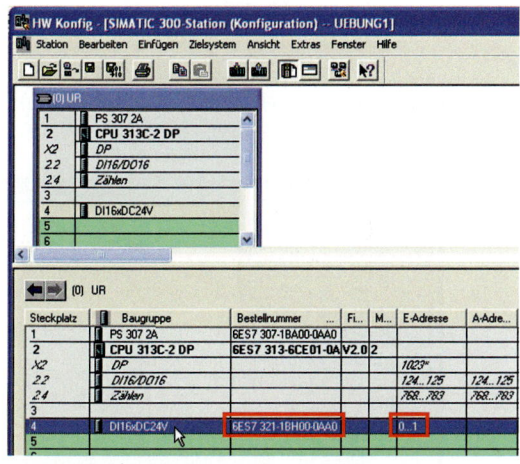

Nach dem Einfügen werden die Bestellnummer und die Byteadressen (hier Byte 0 und 1) der jeweiligen Baugruppe angezeigt.

4.3 Öffnen und Abändern eines vorhandenen Projekts

Häufig ist es schneller und einfacher, statt der Neuanlage eines Projektes andere, bereits vorhandene Projekte zu kopieren. Diese werden dann – falls erforderlich – abgeändert und unter einem neuen Namen abgespeichert.

Starten Sie den SIMATIC-Manager durch Anklicken des Symbols

„Simatic Manager" Desktopverknüpfung

Normalerweise wird dann automatisch der STEP 7 Assistent gestartet. Dieser wird jedoch zum Öffnen eines vorhandenen Projektes nicht benötigt.

Deshalb wird er beendet. (Abbrechen)

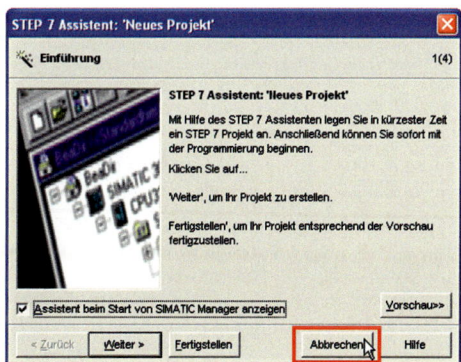

Daraufhin erscheint ein leerer, grauer Bildschirm. Nun kann eine vorhandene Datei in „Windows-üblicher" Verfahrensweise geöffnet werden. (5)

Wählen Sie ein vorhandenes Projekt per „Doppelklick" aus. (6)

Normalerweise werden die Projekte im Verzeichnis C:\SIEMENS\STEP7\S7proj abgelegt. Wurde die STEP 7-Software auf ein anderes Laufwerk installiert, so befinden sich die Projekte dort. (Hier z. B. in Laufwerk E:)

Selbstverständlich kann mit der Funktion „Durchsuchen" jedes beliebige Laufwerk als Daten-Quelle ausgewählt werden.

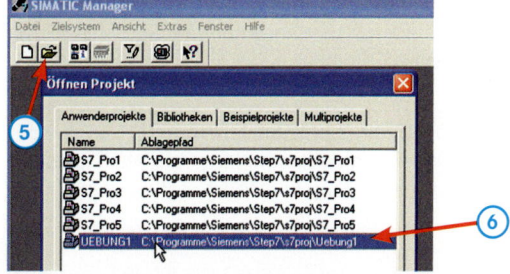

Wenn Sie auf „S7-Programm" klicken, können Sie alle Software-Komponenten des Projektes anzeigen.

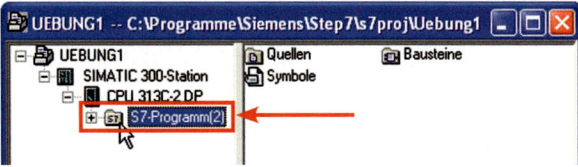

Im Ordner „Quellen" werden Quellprogramme abgelegt, über die Sie in weiterführender Literatur Informationen finden können.

Im Ordner „Symbole" können den Ein-/Ausgängen symbolische Adressen zugewiesen werden. (s. Symbolische Programmierung)

Der Ordner „Bausteine" enthält alle Bausteine (s. Bausteine-Typen) des STEP 7-Programmes für dieses Projekt.

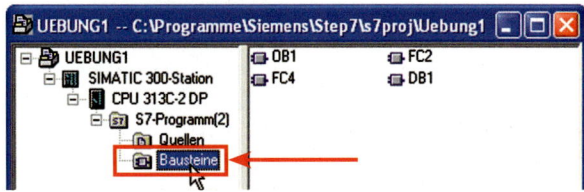

Durch Drücken der rechten Maustaste im rechten Fenster können neue Bausteine hinzugefügt werden (=„Neues Objekt einfügen").

Ein Doppelklick auf das Symbol „Hardware" im rechten Fenster öffnet ein neues Fenster „Hardware-Konfiguration". Dort ist es möglich, Baugruppen zu ergänzen, zu löschen oder abzuändern.

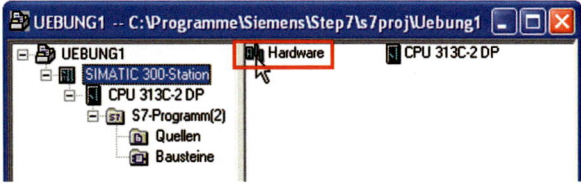

Falls – nach erfolgten Änderungen – das Projekt in geänderter Form abgespeichert werden soll, ist dies mit dem Diskettensymbol im SIMATIC-Manager möglich.

Eine Kopie des Projektes wird angelegt, indem im Menü Datei der Punkt „Speichern unter" angewählt wird. Dabei kann sowohl Name als auch Ziellaufwerk des neuen Projektes festgelegt werden.

Aufgaben

1. Legen Sie in STEP 7 ein Projekt mit dem Namen „UEB_Kap5" an. Verwenden Sie hierbei bitte nicht den Projektassistenten, sondern aktivieren Sie zu Beginn die Schaltfläche „Neues Projekt".

Fügen Sie im rechten Teil des Projektfensters als neues Objekt eine SIMATIC 300-Station ein. Dazu ist die rechte Maustaste zu betätigen.

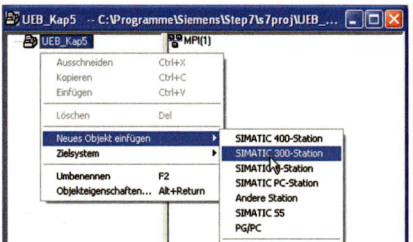

2. Nehmen Sie im obigen Projekt (Aufg. 1) die unten dargestellte Hardwarekonfiguration eines S7-Automatisierungsgerätes vor.

 Vergessen Sie bitte nicht, als Erstes die Profilschiene (Rack 300) in das (noch) leere Hardwarefenster einzufügen!

1. Schritt:

Gesamte Hardwarekonfiguration:

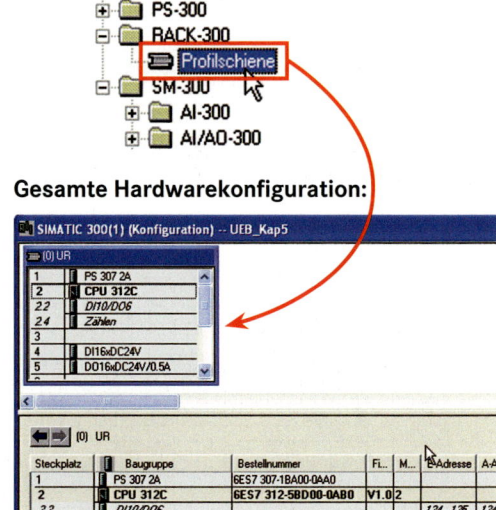

Falls Sie über ein anderes SIMATIC-Gerät verfügen, so nehmen Sie bitte die Hardwarekonfiguration passend für Ihr System vor. Speichern Sie die vorgenommene Konfiguration mittels Diskettensymbol ab.

5.1 Einfügen von Software-Bausteinen in ein Projekt

Neu angelegte Projekte enthalten (außer den System-Bausteinen) keinerlei Anwender-Software. Der Programmierer kann festlegen, welche Bausteine er benutzen will. Diese Bausteine muss er anfänglich „leer" in die Ordner „S7-Programm" → „Bausteine" einfügen. Erst dann können sie zur Programmierung geöffnet und mit den entsprechenden Befehlen „gefüllt" werden.

Vorgehensweise:

(1) Öffnen Sie den Ordner „Bausteine", indem Sie von oben nach unten die „+"-Abzweige anklicken.

(2) Klicken Sie mit der rechten Maustaste auf eine freie Stelle im rechten Feld. Daraufhin öffnet sich ein Auswahlfenster.

(3) Wählen Sie zuerst „Neues Objekt Einfügen" und dann die Bausteinart (z. B. hier FC) aus.

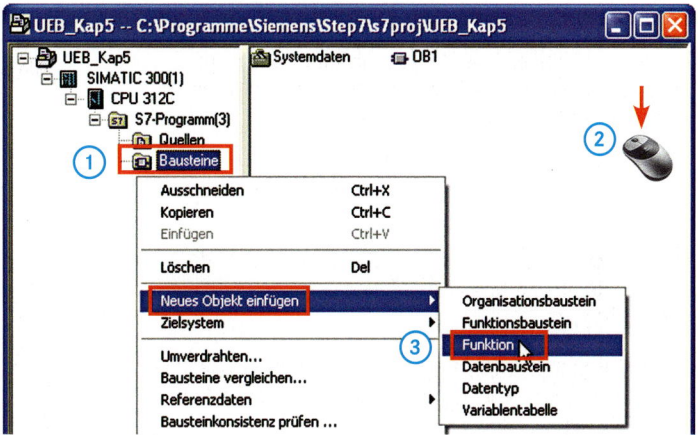

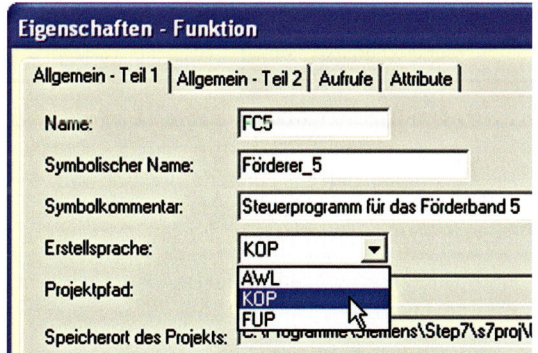

Anschließend öffnet sich ein Fenster, in dem Sie den Namen (hier FC 5) und die Darstellungsart (KOP, FUP oder AWL) auswählen können.

Bestätigen Sie die gewählten Eigenschaften mit „OK".

Daraufhin wird der (noch leere) Baustein als Symbol in das rechte Monitorfeld eingefügt.

5.2 Erstellen und Ändern von Bausteinen mit dem Baustein-Editor

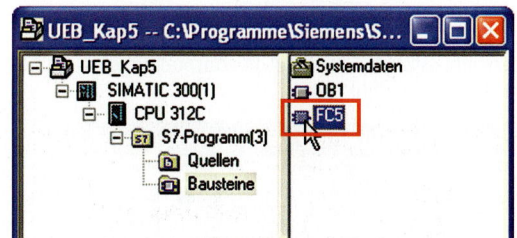

Klicken Sie das jeweilige Bausteine-Symbol doppelt an, so öffnet sich der Baustein-Editor, der die Programmierung der einzelnen Bausteine ermöglicht.

   Symbol „Baustein-Editor"

Ansicht des Baustein-Editors:

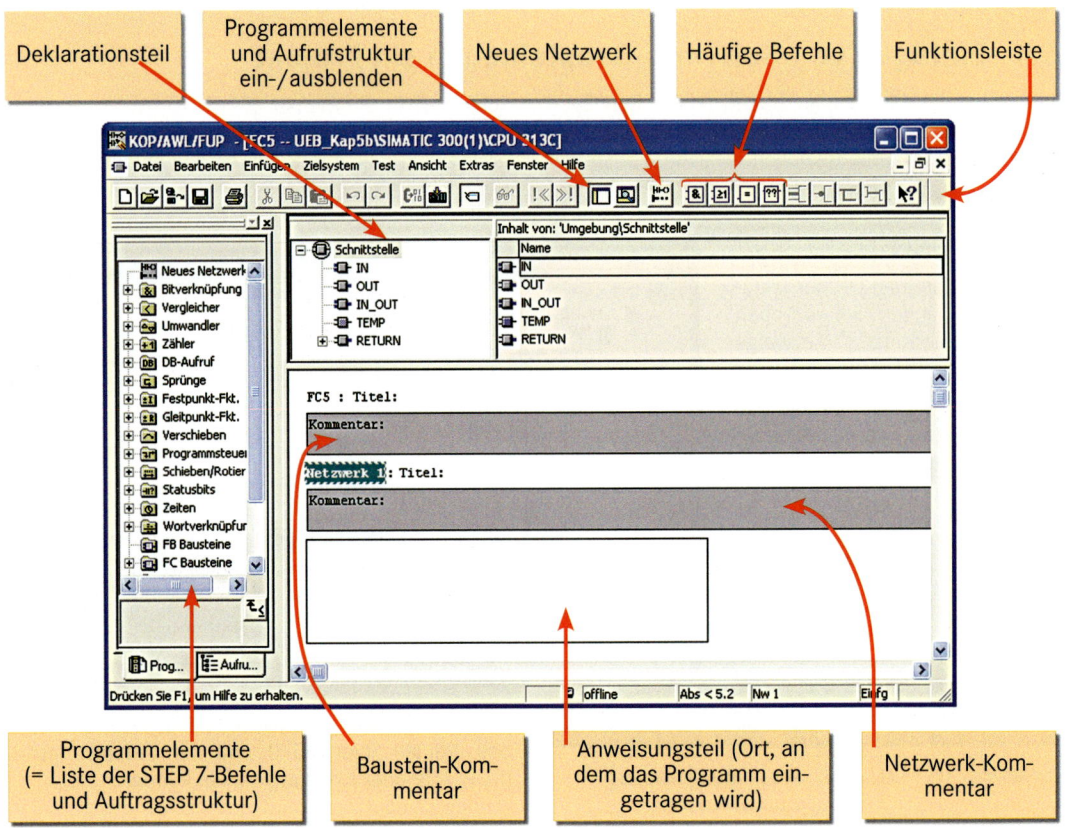

Deklarationsteil

Programmelemente und Aufrufstruktur ein-/ausblenden

Neues Netzwerk

Häufige Befehle

Funktionsleiste

Programmelemente
(= Liste der STEP 7-Befehle und Auftragsstruktur)

Baustein-Kommentar

Anweisungsteil (Ort, an dem das Programm eingetragen wird)

Netzwerk-Kommentar

Jeder Baustein kann einen Titel erhalten, der später eine leichtere Identifizierung seiner Funktion ermöglichen soll.

Da jeder Baustein in einzelne Netzwerke unterteilt werden kann, ist auch eine Titelvergabe für Netzwerke vorgesehen. Die Kommentare sind lediglich ein Hilfsmittel, um die Funktion der Software für spätere Änderungen/Fehlersuchen usw. möglichst deutlich zu dokumentieren.

Ein Abändern vorhandener Bausteine wird ebenfalls mit dem Editor vorgenommen.

5.2.1 Übung: Erstellung eines kurzen Programms (Function FC 5)

Voraussetzungen:
- Der Baustein FC 5 wurde neu in den Bausteinecontainer eingefügt (s. 5.1)
- Der Bausteine-Editor wurde geöffnet, so dass FC 5 bearbeitet werden kann (s. 5.2)

Vorgehensweise:

a) Dokumentieren Sie den Baustein und das erste Netzwerk mittels Überschriften und Kommentaren.

b) Fügen Sie den ersten Funktionsblock (UND-Gatter) ein. Stellen Sie dazu die Darstellungsart „FUP" im Menü „Ansicht" ein.

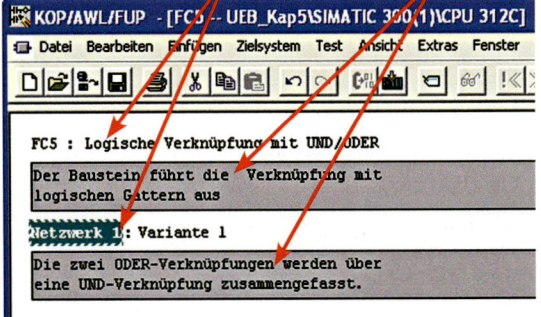

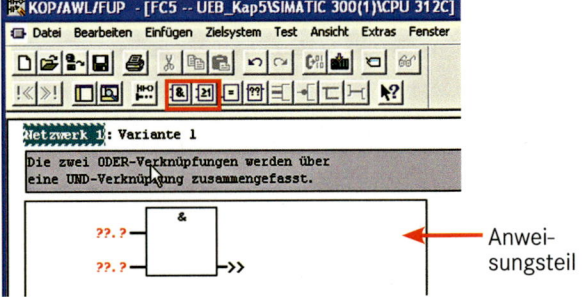

Anweisungsteil

Beachten Sie dabei:
Der Anweisungsteil muss angewählt (umrahmt) sein, sonst ist keine Programmeingabe möglich.

c) Fügen Sie die weiteren Funktionsblöcke (ODER-Verknüpfungen) ein. Markieren Sie dazu die Eingänge der UND-Verknüpfung, um die ODER-Gatter passend einzufügen.

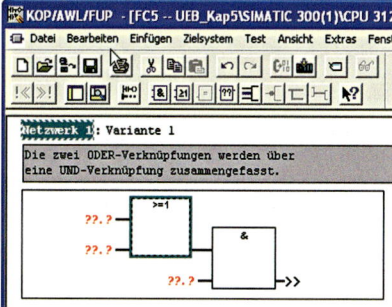

d) Beschriften Sie die Eingänge der Funktionsblöcke.

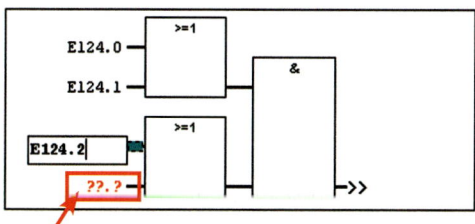

e) Durch eine Zuweisung wird der Zustand der UND-Verknüpfung an den Ausgang weitergeleitet.

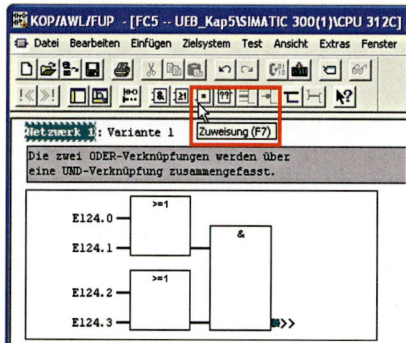

d) Beschriften Sie den Ausgang und speichern Sie den Baustein ab.

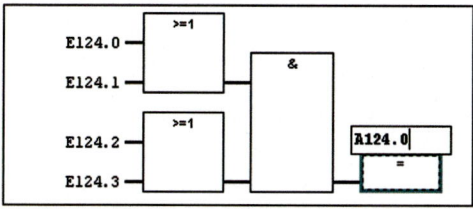

5.2.2 Übung: Hinzufügen eines neuen Netzwerks

Nachdem Sie oben das erste Netzwerk der Function FC 5 geschrieben haben, sollen Sie nun diesen Baustein um ein zweites Netzwerk ergänzen.

Hierfür gibt es in STEP 7 eine spezielle Schaltfläche:

    Button „Neues Netzwerk"

Die Unterteilung eines Bausteines in Netzwerke schafft mehr Übersichtlichkeit.

Bei den grafischen Darstellungsarten (KOP/FUP) ist diese Aufteilung oft aus syntaktischen Gründen notwendig.

a) Fügen Sie mit der entsprechenden Schaltfläche ein „Neues Netzwerk" ein.

Dokumentieren Sie auch dieses Netzwerk, um die Verständlichkeit für andere Nutzer zu erhöhen.

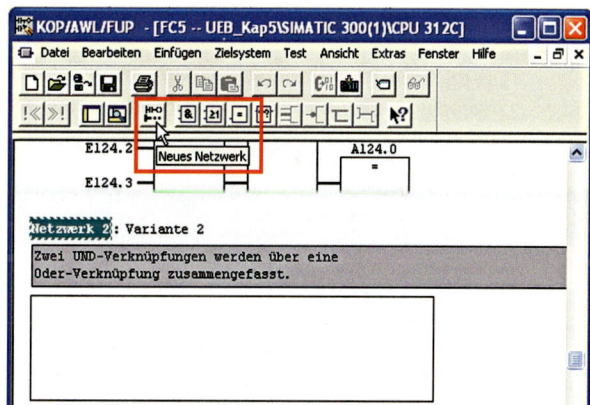

b) Tragen Sie die einzelnen Funktionsblöcke ein und beschriften Sie diese. Gehen Sie dabei analog zu Netzwerk 1 (NW1) vor.

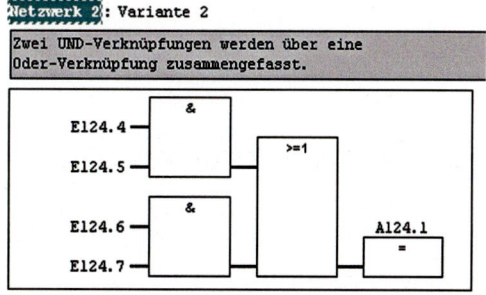

Beachten Sie, dass die Ein-/Ausgänge im Netzwerk 2 andere Adressen besitzen sollten, damit beide Netzwerke zugleich getestet werden können.

5.3 Speichern und Löschen des Anwenderprogramms in der Zentralbaugruppe

Für das Erstellen oder Ändern des Anwenderprogramms ist eine Anbindung des Programmiergerätes (PG/PC) an das AS nicht erforderlich. Diese Tätigkeiten können „offline" erledigt werden.

Um das Anwenderprogramm in den Speicher zu übertragen und es anschließend zu testen, müssen PG und AS über ein MPI-Datenkabel (= **M**ulti **P**oint **I**nterface) verbunden werden.

In der STEP 7-Software ist die Ansicht „Online" einzustellen.

5.3.1 Online-Ansicht

Ein Funktionstest der Verbindung kann über das Menü „Zielsystem" → „Erreichbare Teilnehmer" oder über den zugehörigen Button erfolgen.

    Button „Erreichbare Teilnehmer"

Durch die Aktivierung dieser Funktion werden alle angeschlossenen und erreichbaren Teilnehmer angezeigt.

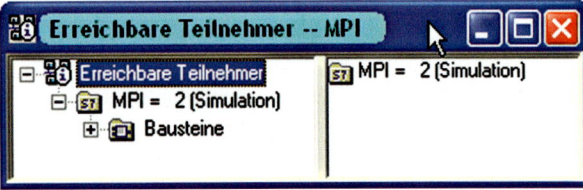

    Button „Online"
stellt die Verbindung zum Automatisierungssystem her

    Button „Offline"
beendet die Verbindung zum Automatisierungssystem

5.3.2 Die Betriebszustände RUN und STOP

Im **RUN-Zustand** durchläuft die CPU-Baugruppe das Anwenderprogramm zyklisch, alle Befehle werden der Reihe nach abgearbeitet. Am Programmende wird unverzüglich zum Anfang gesprungen, so dass eine kontinuierliche Programmbearbeitung gegeben ist.

Der RUN-Zustand wird durch eine grüne LED an der CPU-Baugruppe angezeigt.

Im **STOP-Zustand** wird die CPU-Baugruppe angehalten, das Programm wird nicht mehr durchlaufen. In diesem Zustand bewirkt eine Änderung der Eingangssignale keine Reaktion auf der Ausgangsseite der SPS.

Der STOP-Zustand kann absichtlich herbeigeführt werden, um beispielsweise das AG urzulöschen (s. unten).

> **!** Programmbausteine können nur im STOP-Zustand der CPU übertragen werden!
> Befindet sich das AS im RUN-Zustand, erhält man eine Fehlermeldung.

Wäre es möglich, Bausteine im „laufenden Betrieb" (RUN) in die SPS einzuspielen, so könnten an Anlagen gefährliche oder undefinierte Zustände auftreten, da sich ja schlagartig das Programm ändern würde.

Für erfahrene Anwender gibt es die Möglichkeit, in der Betriebsart „Run-P" die Programme zu übertragen. Die Programmänderung erfolgt dann im Run-Betrieb.

Diese Betriebsart empfiehlt sich jedoch nur, wenn durch den schlagartigen Programmwechsel keine gefährlichen Zustände auftreten.

Der STOP-Zustand kann auf zwei Arten herbeigeführt werden:

- softwaregesteuert:
  „Zielsystem" → „Betriebszustand" → „STOP" (in STEP 7)

- hardwaregesteuert:
  Betriebsartenschalter auf „STOP" stellen

Die Programmbearbeitung wird auch (ohne Benutzereingriff) dann abgebrochen, wenn sich in der SPS ein **fehlerhaftes Programm** befindet.

Hier geht die CPU von selbst in den STOP-Zustand – eine Reaktion, die bei Programmierern „nicht gerade Jubel" auslöst.

Der STOP-Zustand wird durch eine gelbe LED an der CPU-Baugruppe angezeigt.

5.3.3 Urlöschen der Zentralbaugruppe

Wird ein neues Anwenderprogramm in die Zentralbaugruppe überspielt, so sollte vorher durch „Urlöschen" sichergestellt werden, dass sich keine „alten" Daten (Bausteine) mehr im CPU-Speicher befinden.

Es ist jedoch nicht notwendig, dass man bei jeder Programmergänzung (d. h. Hinzufügen weiterer, vollständiger Bausteine (z. B. FCs, FBs ...) alle bisherigen Programmkomponenten löscht. Diese Bausteine werden einfach zu den bereits vorhandenen Programmbausteinen hinzugespielt.

Werden bereits vorhandene Bausteine durch eine neuere, gleichnamige Version im Automatisierungssystem ersetzt, so wird man vor dem Überschreiben des alten Bausteines informiert.

Beim Urlöschen der CPU-Baugruppe wird Folgendes durchgeführt:

– Alle Anwenderdaten (Bausteine) werden aus dem Arbeits- und Ladespeicher (RAM) entfernt. Programme auf EPROM bleiben erhalten!

– Die CPU wird rückgesetzt, so dass nach einem evtl. STOP-Zustand ein Wiederanlauf möglich wird. Bestehende Verbindungen (BUS) werden abgebrochen.

– Programme und Daten, die auf einem EPROM-Speicher (Memory Card o. internes EPROM) liegen, werden in den RAM-Bereich geladen. Somit liegt das Programm wieder in seiner „ursprünglichen" Form vor.

 Voraussetzung für das Urlöschen:
Die CPU-Baugruppe muss sich im Betriebszustand „STOP" befinden!
Im RUN-Modus ist das Löschen oder Hinzufügen von Programmteilen nicht möglich!

Das Urlöschen der CPU kann auf drei verschiedenen Wegen ausgelöst werden:

• hardwaregesteuert:
mit dem Betriebsarten-Schalter (s. unten)

• softwaregesteuert :
Zielsystem → Urlöschen (Schlüsselschalter auf STOP bzw. RUN-P).

• Abschalten der Netzspannung und Abklemmen der Pufferbatterie (bei älteren SPS-Geräten). Dies ist ein „ungewöhnlicher", jedoch wirksamer Weg, den Speicher zu löschen.

a) Hardwaregesteuertes Urlöschen

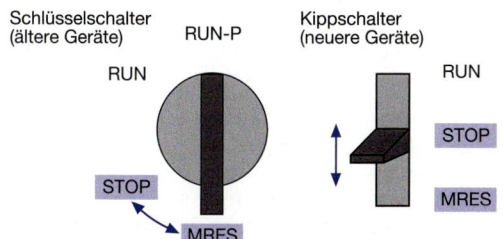

RUN-P: alle PG-Funktionen erlaubt (nur bei älteren Geräten vorhanden)
RUN: lesende PG-Funktionen erlaubt
STOP: Stopp-Zustand der CPU
MRES: Urlöschen

Urlöschen der SPS:

– Drücken Sie den Betriebsartenschalter in Position **MRES**, dies bewirkt ein langsames Blinken der gelben STOP-LED.

– Halten Sie den Betriebsartenschalter so gedrückt, bis die **STOP-LED** zum zweiten Mal blinkt und dann dauerhaft leuchtet.

– Lassen Sie den Betriebsartenschalter kurz los und betätigen Sie ihn innerhalb von 3 Sekunden erneut.

– Ein schnelles Blinken der STOP-LED zeigt das Urlöschen an.

– Der Betriebsartenschalter kann losgelassen werden, das gelbe Dauerlicht zeigt den STOP-Zustand der CPU-Baugruppe an.

b) Softwaregesteuertes Urlöschen

Wenn Sie mit dem Programmiergerät räumlich weit von der SPS entfernt sitzen, können Sie die CPU auch mittels Software starten, stoppen (= Betriebszustand) und urlöschen.

Hierzu öffnen Sie das Fenster „Zielsystem" im Fenster KOP/AWL/FUP:

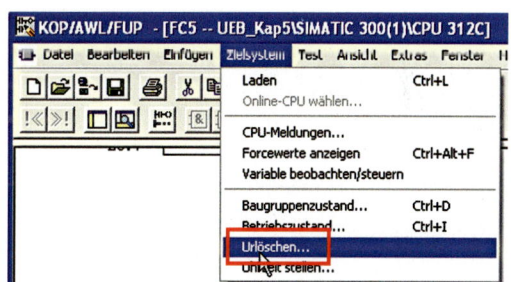

5.3.4 Übertragung von Bausteinen und Hardware-Konfiguration zur CPU

Alle folgenden Ladevorgänge werden aus dem Fenster „SIMATIC-Manager" ausgeführt. Falls Sie sich in einem anderen Fenster befinden, wechseln Sie mittels der Taskleiste (Schaltfläche auf dem unteren Bildschirmrand).

Laden einzelner Bausteine:

Programmbaustein blau hinterlegen

Menüpunkt Zielsystem → Laden

oder

ein Mausklick auf das Symbol

Laden aller Bausteine:

Bausteincontainer
blau hinterlegen

Menüpunkt
Zielsystem → Laden

oder

ein Mausklick
auf das Symbol

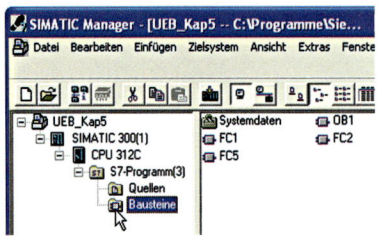

Durch das Laden der SIMATIC-Station werden **Programmbausteine** und **Hardware-Konfiguration** in die SPS übertragen. Dieser Ladevorgang ist nach dem Urlöschen unbedingt erforderlich, da ja dann neben den Programmbausteinen auch die Hardwarekonfiguration gelöscht wurde.

Daneben gibt es auch die Möglichkeit, nur die Hardware-Konfiguration alleine (ohne Bausteine) zu übertragen.

Dies erfolgt in gleicher Weise wie oben.

Laden der gesamten S7-Station
(Bausteine + Hardware-Konfig.):

Station anklicken
SIMATIC 300(1)
Menüpunkt
Zielsystem → Laden

oder

ein Mausklick
auf das Symbol

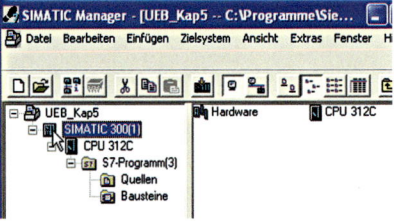

Jedoch muss dazu das Fenster „Hardware-Konfiguration" (Hw-Konfig) geöffnet und aktiv geschaltet sein. Der Ladevorgang muss aus diesem Fenster heraus durchgeführt werden.

5.4 Symbolische Adressierung (Symbolik)

Vor der Erstellung des Anwenderprogrammes ist es notwendig, jedem einzelnen Sensor bzw. Aktor eine zugehörige Eingangs- bzw. Ausgangsadresse zuzuordnen.

Dies erfolgt in der sogenannten Zuordnungsliste. Durch die eindeutige Zuordnung der Peripherie zu den Signalbaugruppen-Adressen wird sichergestellt, dass kein Eingang/Ausgang doppelt belegt wird.

Daneben dient diese Zuordnungsliste als Grundlage der Hardwaredokumentation (Verdrahtungspläne), nach der die Geber bzw. Stellglieder an die Signalbaugruppen angeschlossen werden.

Kurz gesagt: Programmierer, Schaltschrankbauer und Anlagenmonteure benötigen die Zuordnungsliste als Arbeitsgrundlage zur Realisierung der Automatisierungsaufgabe.

Auszug aus einer Zuordnungsliste:

Adresse	Kennzeichen	Funktion
E 124.0	– S01	Taster links (Bedienpult 1)
E 124.1	– S02	Taster rechts (Bedienpult 2)
M 5.0		Merker „Motor START"
A 124.0	– M01	Motor Bandantrieb
...	...	...

Der zugehörige Programmausschnitt könnte – mit absoluter Adressierung – folgendermaßen aussehen:

FC1 : BANDANTRIEB steuern

Der Bandantrieb des Horizontalförderers wird hier im Handbetrieb gesteuert.

Netzwerk 1: TIPPBETRIEB

Ein Tippbetrieb des Antriebs ist von der rechten oder linken Bedienstelle aus möglich. Auf den Merker "MOTOR_START" wird im später Programm noch öfters zugegriffen.

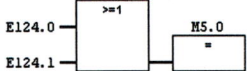

Netzwerk 2: MOTOR ANSTEUERN

Der Merker "MOTOR_START" wird auf den Ausgang zugewiesen, um das Motorschütz anzusteuern.

Problem:

Bei größeren Steuerungsaufgaben kann sich der Programmierer die Adressen der zahlreichen Sensoren/Aktoren in den seltensten Fällen merken, so dass er ständig in der Zuordnungsliste nachschlagen müsste.

Abhilfe:

Mit Hilfe der „Symbolischen Adressierung" wird jedem Operanden (Eingang, Ausgang, Merker, Timer, Counter ...) ein eindeutiger Name (= Symbol) zugeordnet, auf das über die „Symboltabelle" zugegriffen werden kann.

5.4.1 Übung: Erstellung einer Symboltabelle

1) Um eine Symboltabelle zu erstellen, wählen Sie im SIMATIC-Manager das Menü „Einfügen".

   Anschließend wird die Auswahl „Symboltabelle" betätigt, worauf man eine neue, leere Symboltabelle einfügen kann.

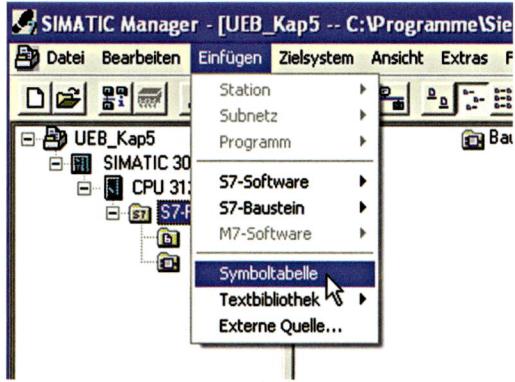

2) Klicken Sie das neu eingefügte Symbol im rechten Fenster doppelt an, um die Symboltabelle für die Bearbeitung zu öffnen.

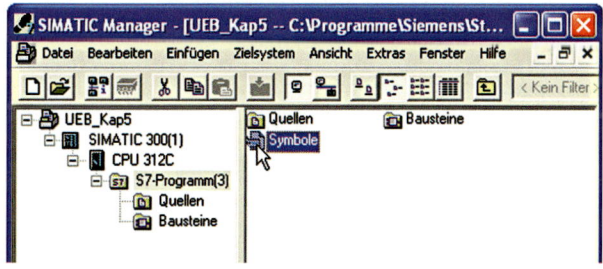

3) Weisen Sie allen vorkommenden Operanden aussagekräftige Symbole zu.

   Anschließend wird die Symboltabelle gespeichert und das Bearbeitungsfenster geschlossen.

	Status	Symbol /	Adresse	Datentyp	Kommentar
1		Mot_M01	A 124.0	BOOL	Motor M01 Bandantrieb
2		M_START	M 5.0	BOOL	Merker Antrieb Start
3		S01_li	E 124.0	BOOL	Taster links (Bedienpult 1)
4		S02_re	E 124.1	BOOL	Taster rechts (Bedienpult 2)
5					

5.4.2 Übung: Erstellung eines Bausteins (Function) in symbolischer Darstellung

1) Beginnen Sie die Programmierung mit dem Einfügen der Kommentare und des ODER-Symbols.

   Zur Beschriftung der Ein-/Ausgänge betätigen Sie nun allerdings die rechte Maustaste. Wählen Sie den Menüpunkt „Symbol einfügen" aus.

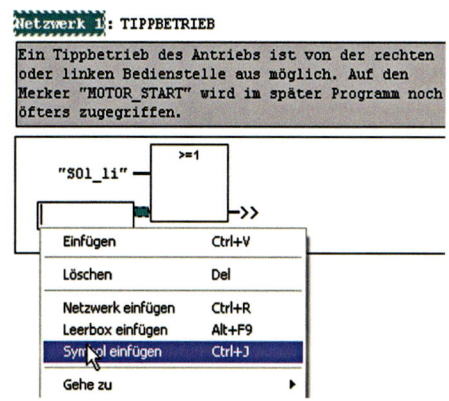

2) Wählen Sie aus der – nun eingeblendeten – Symboltabelle das gewünschte Symbol aus.

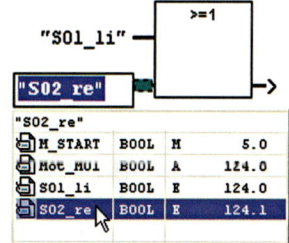

3) Vervollständigen Sie den Baustein, indem Sie alle Anschlüsse der Symbole mit den zugehörigen Operanden beschalten.

   Vergleichen Sie anschließend den Baustein mit symbolischer Adressierung mit der absoluten Adressierung.

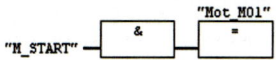

5.4.3 Wechsel zwischen absoluter und symbolischer Adressierung

Sie können die Art der Adressierung von symbolisch in absolut und umgekehrt umstellen.

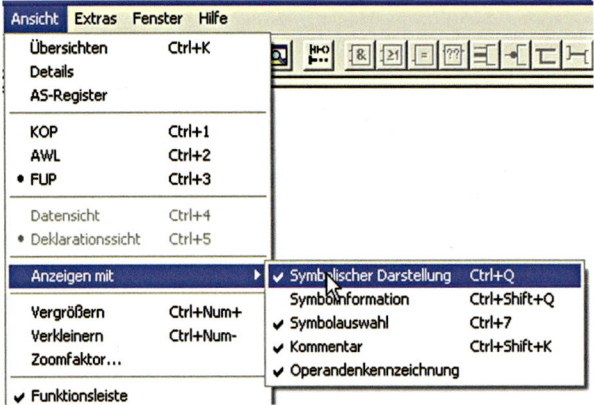

> ! Beachte:
> Um „symbolische Adressierung" anzuzeigen, muss stets eine gültige Symboltabelle vorhanden sein!

Aufgaben

In den nachfolgenden Aufgaben werden Sie

- das Automatisierungsgerät urlöschen, um alte Daten zu entfernen,
- ein lauffähiges Programm erstellen,
- das Programm in das Automatisierungssystem übertragen (es wird davon ausgegangen, dass Ihnen ein betriebsbereites SIMATIC-Gerät bzw. die Simulationssoftware PLCSIM zur Verfügung steht).

1. Öffnen Sie das Projekt „UEB_Kap5", das am Ende des Kapitels 4 erstellt wurde. Falls dieses Projekt nicht vorhanden ist, erstellen Sie es bitte.

Passen Sie die Hardwarekonfiguration an das vorhandene S7-System an (s. hierzu Kapitel 4).

2. Löschen Sie den Speicher des vorhandenen Automatisierungssystems vollständig, indem Sie es mit dem Schlüsselschalter Urlöschen (s. Pkt. 5.3.3).

Stellen Sie anschließend den Schlüsselschalter in Position „STOP".

3. Wählen Sie im Simatic-Manager-Fenster den Bausteine-Container aus.

4. Fügen Sie die beiden Bausteine OB 1 und FC 1 (= Function; NICHT Funktionsbaustein) mittels rech-

ter Maustaste in das rechte Fenster ein. (Darstellungsart OB 1 = AWL, FC 1 = FUP)

5. Erstellen Sie den Organisationsbaustein OB 1.

Klicken Sie zuerst das Symbol OB 1 im oben dargestellten Fenster an, dann wählen Sie zu Beginn im Menü „Ansicht" die Darstellungsart AWL.

Speichern Sie den fertigen Baustein mittels Diskettensymbol ab.

Wechseln Sie abschließend wieder in das Fenster „Simatic-Manager".

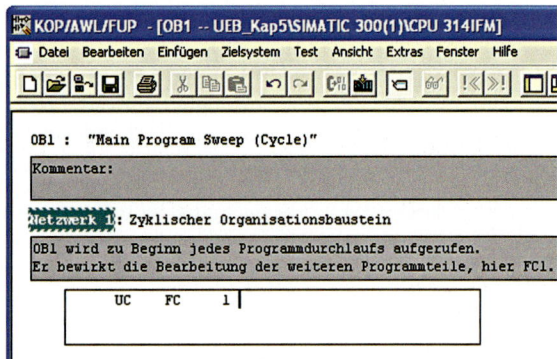

6. Erstellen Sie nun die Function FC 1.

Klicken Sie zuerst das Symbol FC 1 im Bausteine-Container an, dann wählen Sie zu Beginn im Menü „Ansicht" die Darstellungsart FUP.

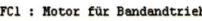

FC1 : Motor für Bandantrieb

Dieser Baustein bewirkt das Setzen bzw. Rücksetzen des Ausgangs für das Motorschütz

Netzwerk 1: Ausgangsmerker setzen/rücksetzen

Merker 5.0 wird gesetzt, wenn beide EIN-Taster gleichzeitig betätigt werden. Wird einer der beiden AUS-Taster (NC) betätigt, erfolgt RESET. Das SR-Speicherglied hat RESET-Vorrang. Die AUS-Taster sind Öffner, d. h. der RESET erfolgt "Null-aktiv".

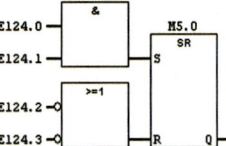

Netzwerk 2: Merker auf Ausgang zuweisen

Merker 5.0 wird im Programm öfters abgefragt. Hier soll das Motorschütz angesteuert werden. Deshalb weist man den Fahrmerker 5.0 auf den Ausgang des angeschlossenen Motorschütz zu.

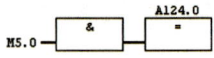

Die SR-Speicherzelle fügen Sie ein, indem Sie

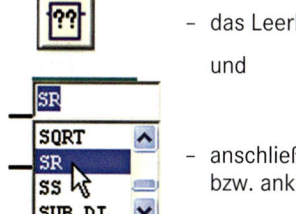

– das Leerbox-Symbol anklicken

und

– anschließend „SR" eingeben bzw. anklicken.

Beachten Sie, dass Sie das zweite Netzwerk mit dem Button „Neues Netzwerk" öffnen. In Netzwerk 2 müssen Sie einen Eingang des UND-Gliedes löschen. Falls Ihr SIMATIC-Übungsgerät andere Ein-/Ausgangsadressen hat, passen Sie diese bitte entsprechend an, sonst ist das Programm nicht lauffähig.

7. Übertragen Sie das gesamte Programm (Hardwarekonfiguration und Bausteine) in das Automatisierungssystem (s. Pkt. 5.3.4).

Falls die Übertragung nicht möglich ist, überprüfen Sie die Schnittstelle am PG/PC und stellen Sie evtl. den Port von COM 1 auf COM 2 um.

8. Schalten Sie die Zentralbaugruppe in den RUN-Zustand und testen Sie das Programm, indem Sie die Bedienschalter am SPS-Gerät betätigen.

 Bitte beachten:
Da im Beispiel Öffner als AUS-Taster verwendet werden sollen, müssen Sie diese umschalten, sofern an Ihrem Übungsgerät nur Schließer vorhanden sind.

9. Erstellen Sie die Symboltabelle für alle in FC 1 vorkommenden Variablen:

E 124.0 = Tast-li

E 124.1 = Tast-re

E 124.2 = NA-li

E 124.3 = NA-re

Verwenden Sie aussagekräftige Symbolnamen und tragen Sie auch einen Kommentar ein. Dies hilft Ihnen und anderen Benutzern des Programms, sich leichter darin zurechtzufinden.

Speichern Sie die Symboltabelle unbedingt ab, bevor Sie das zugehörige Bildschirmfenster schließen.

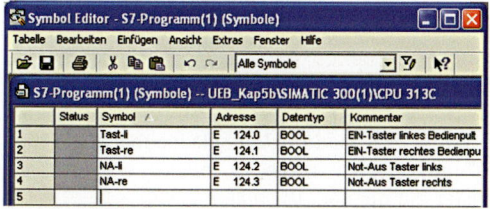

10. Wechseln Sie in das Fenster KOP/AWL/FUP und betrachten Sie den Baustein in symbolischer Darstellung. Falls die einzelnen Variablen nicht schon automatisch als Symbole angezeigt werden, rufen Sie das Menü „Ansicht" auf und wählen Sie dort „Anzeigen mit" → „Symbolischer Darstellung".

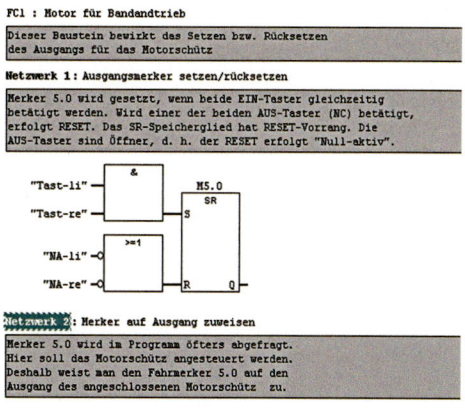

11. Wechseln Sie im Fenster KOP/AWL/FUP die Darstellungsart, und betrachten Sie den Baustein in KOP-Darstellung. Dieser Wechsel erfolgt ebenfalls im Menü „Ansicht". Entfernen Sie in diesem Menü auch die Anzeige der Kommentare: „Anzeigen mit" → „Kommentar", indem Sie das Häkchen vor „Kommentar" entfernen.

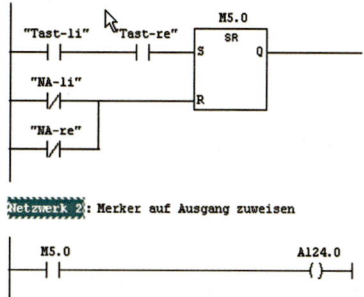

12. Wechseln Sie im Fenster KOP/AWL/FUP die Darstellungsart, und betrachten Sie den Baustein in AWL-Darstellung. Die Vorgehensweise erfolgt wie bei KOP (s. oben, Pkt. 11).

```
FC1 : Motor für Bandantrieb
Netzwerk 1: Ausgangsmerker setzen/rücksetzen
        U    "Tast-li"
        U    "Tast-re"
        S    M    5.0
        U(
        ON   "NA-li"
        ON   "NA-re"
        )
        R    M    5.0
        NOP  0

Netzwerk 2: Merker auf Ausgang zuweisen
        U    M    5.0
        =    A    124.0
```

6.1 Beobachten von Bausteinen (Programmstatus)

Mit Hilfe des Programmstatus ist es möglich, die Be-arbeitung eines in der CPU laufenden Bausteines mit-zuverfolgen. Sie erhalten dabei Informationen über die Zustände von Variablen (E, A, M, Zeiten, Zähler, Datenworte) und können bei den grafischen Darstel-lungsarten (KOP, FUP) den **Signalfluss** ersehen.

In der Darstellungsart AWL wird in jeder Anwei-sungszeile das **VKE (Verknüpfungsergebnis)** und der Zustand des Akkus angezeigt.

Die Anzeige des Programmstatus wird mittels der Schaltfläche „Beobachten" (Brille) aufgerufen. Dabei muss der zu beobachtende Baustein im Fenster „Bausteine-Editor" angezeigt werden.

Button „Beobachten"
zeigt den Programmstatus an

Das Beobachten des Programmstatus ist nur mög-lich, wenn

– das Programmiergerät (PC, PG) mit einem Auto-matisierungsgerät (SPS) verbunden ist,

– der zu beobachtende Baustein in die SPS über-tragen wurde,

– der zu beobachtende Baustein im OB 1 aufgeru-fen wird, so dass er bearbeitet wird.

Dies ist der Fall, wenn der grüne Balken am unteren Ende des Bildschirmfensters in Bewegung ist. Wenn dieser Balken rot gefärbt ist, befindet sich die CPU-Baugruppe im STOP-Zustand, oder der zu beobach-tende Baustein wird nicht aufgerufen.

Die folgenden Beispiele zeigen die Anzeige des Pro-grammstatus in den drei verschiedenen Darstel-lungsarten:

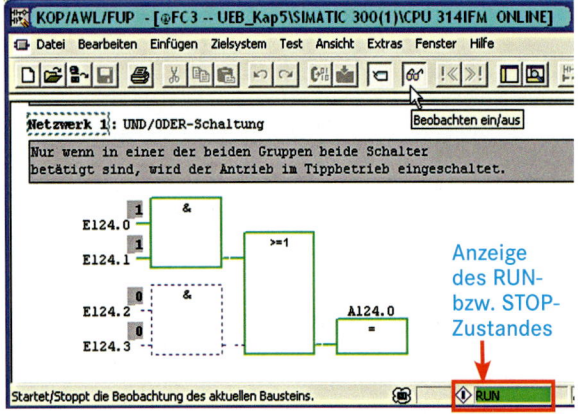

Programmstatus des Bausteins in der Darstellungsart FUP

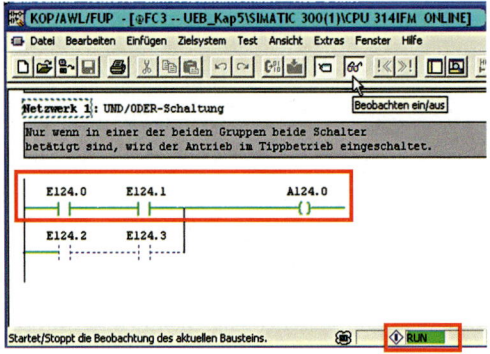

Programmstatus des Bausteins in der Darstellungsart KOP

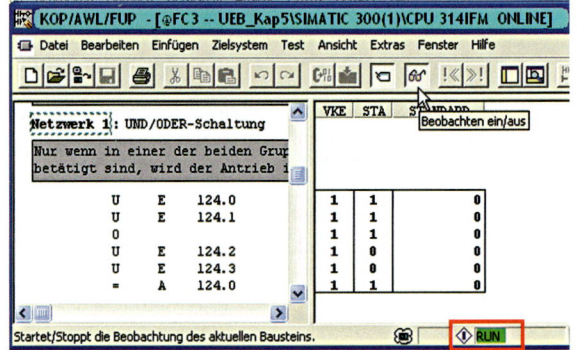

Programmstatus des Bausteins in der Darstellungsart AWL

6.2 Variablen beobachten und steuern

Sie können Variablen (E, A, M, Zeiten, Zähler, Da-tenworte usw.) mittels der Funktion „Variable beob-achten/steuern" kontrollieren oder verändern.

Ein-/Ausgänge werden vom Prozessabbild kontinu-ierlich aktualisiert, wenn die entsprechenden Ein-gangssignale bzw. das Programm neue Werte vor-geben.

Nachdem der Modus „Variable beobachten/steu-ern" ausgewählt wurde (s. oben), erscheint ein Fenster mit der sog. Variablentabelle.

In diese Tabelle werden alle Variablen (= Operanden) eingetragen, die beobachtet bzw. gesteuert werden sollen.

Soll ein Operand geändert werden, so ist dessen neuer Wert in der Spalte „Steuerwert" anzugeben. Dabei ist das jeweilige Format (z. B. Bit, Byte) zu beachten. Es kann dann vorkommen, dass die Steuerwerte sehr rasch vom aktuellen Prozessabbild bzw. Programm überschrieben werden.

Variablentabelle mit Operanden (z. B. EB 125, AB 124, Daten-Wort 2 aus Datenbaustein DB 1)

6.3 Programme testen mit S7-PLCSIM

S7-PLCSIM ist eine **Simulationssoftware**, mit der eine reale SPS nachgebildet werden kann. Damit kann man Programme testen, auch wenn keine SPS-Hardware zur Verfügung steht. Insofern ist diese Software sehr geeignet für Ausbildung und Selbststudium.

S7-PLCSIM ist ein eigenes Programmpaket, das zusätzlich zu STEP 7 installiert werden muss. S7-PLCSIM integriert sich bei der Installation in das vorhandene Programm STEP 7 und wird im SIMATIC-Manager mit folgender Schaltfläche gestartet:

    Button „Simulation ein/aus" (PLCSIM starten)

Mit S7-PLCSIM können Sie Ihr Programm auf einem simulierten Automatisierungssystem, das auf Ihrem Computer bzw. Ihrem Programmiergerät (z. B. PG 740) existiert, bearbeiten und testen. Da die Simulation rein auf Softwareebene erfolgt, wird keinerlei S7-Hardware (CPU oder Signalbaugruppen) benötigt. Mit einem simulierten Automatisierungssystem können die Programme für S7-300 und S7-400 CPUs getestet werden. Eine frühzeitige Fehlerbeseitigung wird bereits während der Programmierphase möglich.

Im Ausbildungsbereich eröffnet die Simulation des Programmablaufes die Option der unmittelbaren Kontrollierbarkeit der zuvor erstellten Programme.

S7-PLCSIM bietet eine einfache Bedienoberfläche zum Überwachen und Ändern der verschiedenen Parameter, die im Programm verwendet werden (z. B. zum Ein- und Ausschalten von Eingängen).

Während Ihr Programm von der simulierten CPU bearbeitet wird, können Sie die Software STEP 7 einsetzen und beispielsweise mit der Variablentabelle (VAT) Variablen bedienen und beobachten.

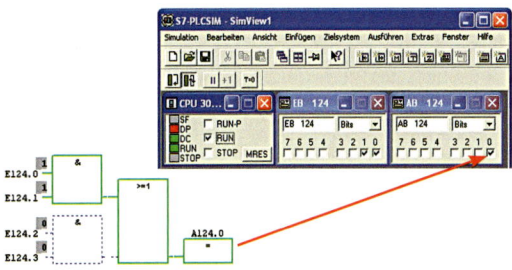

STEP 7-Netzwerk, das über Simulator S7-PLCSIM gesteuert wird

Aufgaben

1. Übertragen Sie (falls nicht bereits geschehen) das Projekt „UEB_Kap5" – das Sie am Ende von Kapitel 5 vervollständigt haben – in ein vorhandenes Automatisierungssystem. Achten Sie darauf, dass die Ein-/Ausgangsadressen des vorhandenen Systems mit dem Programm (FC 1) übereinstimmen.

2. Schalten Sie das Automatisierungssystem in den RUN-Zustand und beobachten Sie mittels des Brillensymbols den Status des Programmbausteines (FC 1). Beachten Sie, dass das Brillensymbol („Beobachten") nur dann anwählbar ist, wenn Sie online mit einem Automatisierungssystem verbunden sind (Einstellen der Schnittstelle). Betätigen Sie die Schalter an den Eingangsbaugruppen, um Änderungen im Programm herbeizuführen.

3. Wechseln Sie die Darstellungsart KOP/FUP/AWL im Menü-Ansicht. Zum Wechseln muss das Brillensymbol vorübergehend ausgeschaltet werden.

4. Erstellen Sie folgende Variablentabelle und beobachten Sie die Variablen im Online-Betrieb.

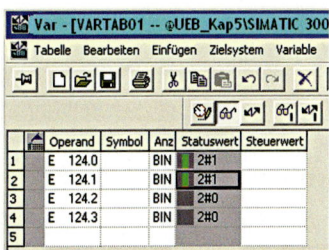

Beim Speichern werden Sie nach einem Namen für die Variablentabelle gefragt. Wählen Sie z. B. VARTAB01 aus.

Falls an Ihrem System andere Ein-/Ausgangsadressen gelten, passen Sie die Tabelle an Ihr System an.

5. Falls an Ihrem Arbeitsplatz (PC/PG) das Zusatzpaket PLCSIM installiert ist, testen Sie das Programm mit dieser Simulationssoftware.

In STEP 7 bestehen die einzelnen Befehle jeweils aus Operationen und Operanden.

Operation: **WAS** soll getan werden?

Operand: **WOMIT** soll die Operation durchgeführt werden?

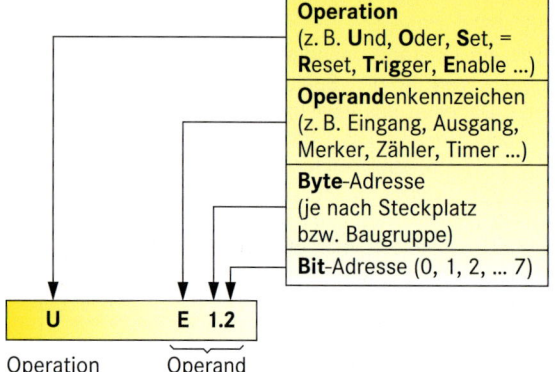

Operation
(z. B. **U**nd, **O**der, **S**et, =
Reset, **Tr**igger, **E**nable ...)
Operandenkennzeichen
(z. B. Eingang, Ausgang,
Merker, Zähler, Timer ...)
Byte-Adresse
(je nach Steckplatz
bzw. Baugruppe)
Bit-Adresse (0, 1, 2, ... 7)

U	E 1.2
Operation	Operand

1: Aufbau eines AWL-Befehls

7.1 Operandenübersicht

Die folgende Tabelle zeigt die wichtigsten Operanden in STEP 7. Für detailliertere Informationen sind die jeweiligen Handbücher heranzuziehen.

Operandenkenn-zeichen	Operanden-Bezeichnung	Erklärung, Beispiel
E	Eingangs-**Bit**	Nur Bit 0...7 zulässig z. B. E32.5
EB	Eingangs-**Byte**	Umfasst Bit 0...7 des jew. Byte z. B. EB 32
EW	Eingangs-**Wort**	Umfasst 2 Byte, z. B. EW 32 = EB 32 + EB 33
ED	Eingangs-**Doppelwort**	Umfasst 2 Worte = 4 Byte = 32 Bit
A, AB, AW, AD	Ausgangs-Bit, -Byte...	Analog zu Eingangs-Operanden
M, MB, MW, MD	Merker-Bit, -Byte, -Wort, -Doppelwort	Speicherplatz, in dem Zwischenergebnisse des Programms abgelegt werden
T	Timer (Zeiten)	Zeitzellen, die im Programm eingestellt und gestartet werden
Z	Zähler	Speicherbereiche, die für Zähloperationen reserviert sind

Tab. 1: Die häufigsten STEP 7-Operanden

Die Verwendung von ungeraden Wortadressen sollte vermieden werden. Sonst sind Überschneidungen möglich. (s. Abb. 2, ①)

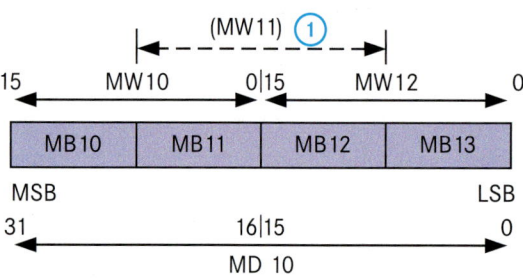

2: Aufbau eines
Merker-Doppelwortes

7.2 Merker, Taktmerker

Merker sind interne Speicherbereiche, deren Ergebnisse nicht über die Prozessabbilder (PAE/PAA) nach außen gelangen.

Jede CPU-Baugruppe hat intern eine große Anzahl von Merkern zur Verfügung.

Die Größe des Merker-Speicherbereiches richtet sich nach der Leistungsfähigkeit der jeweiligen CPU (s. Handbücher).

Beispiel: Die CPU 313 C verfügt lt. Handbuch über 2048 Merker (MB 0 ... MB255).

Bei Merkern handelt es sich um binäre Speicherglieder, die den Zustand „0" oder „1" annehmen können.

Zustände von Merker-Bits:

„0" (Ausgangs-
zustand)

„1" (gesetzt)

Im Ausgangszustand (z. B. nach dem Urlöschen) sind alle Merker mit dem Signalzustand „0" vorbelegt. Über entsprechende Programmbefehle können sie dann gesetzt werden.

a) Nicht-remanente Merker:

Die überwiegende Anzahl der Merker ist nicht-remanent, d. h., sie werden beim Wiederanlauf (STOP → RUN) gelöscht.

Dies kann teilweise vorteilhaft sein, z. B. wenn nach dem Netzausfall der selbstständige Wiederanlauf von Anlagen verhindert wird.

Andererseits können auch wichtige Informationen verloren gehen, wenn die Merker bei Spannungsausfall rückgesetzt werden (z. B. Stückzahlen von Produktionsprozessen).

b) Remanente Merker:

Ein Teil der Merker ist in den CPU-Baugruppen als sog. „remanente Merker" vorgesehen. Dies bedeutet, dass deren Zustände auch erhalten bleiben, wenn

– die Netzspannung ausfällt (Überbrückung durch Flash-Eprom)
– ein Wiederanlauf stattfindet (STOP → RUN)

Remanente Merker können rückgesetzt werden durch:

– Urlöschen der CPU
– Reguläres Rücksetzen durch das Anwenderprogramm

Die Anzahl der remanenten Merker kann bei den meisten CPU-Baugruppen eingestellt werden. Sie kann über Software-Einstellungen erweitert werden.

So ist z. B. der remanente Merkerbereich der CPU 313 C bis MB 255 erweiterbar.

c) Taktmerker

In jeder CPU-Baugruppe kann das sog. „Taktmerker-Byte" aktiviert werden (s. u.).

Die Adresse kann frei gewählt werden. Üblicherweise verwendet man MB 100 als Taktmerker-Byte.

Ein Taktmerker ist ein Merker, der seinen Binärzustand periodisch im Puls-Pausen-Verhältnis 1 : 1 ändert.

Taktmerker können Sie im Anwenderprogramm verwenden, um z. B. Leuchtmelder mit Blinklicht anzusteuern oder periodisch immer wiederkehrende Vorgänge (etwa das Erfassen eines Istwertes) anzustoßen.

Mögliche Frequenzen

Jedem Bit des Taktmerkerbyte ist eine Frequenz zugeordnet. Nachfolgende Tabelle zeigt die Zuordnung:

Bit des Takt-merkerbytes	7	6	5	4	3	2	1	0
Periodendauer (s)	2,0	1,6	1,0	0,8	0,5	0,4	0,2	0,1
Frequenz (Hz)	0,5	0,625	1	1,25	2	2,5	5	10

 Hinweis
Taktmerker laufen asynchron zum CPU-Zyklus, d. h., in langen Zyklen kann sich der Zustand des Taktmerkers mehrfach ändern.

Einstellen des Taktmerkers

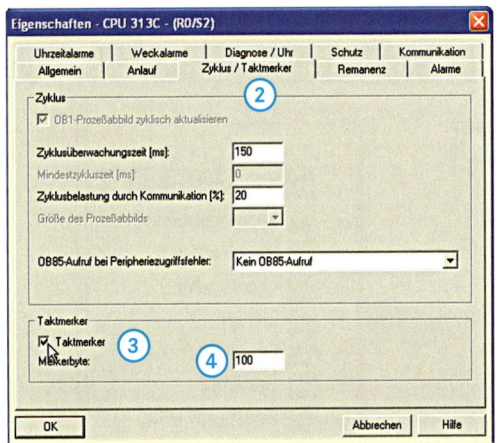

1) Auf der Seite „Hardware-Konfiguration" die CPU-Baugruppe doppelklicken.
2) Das Register „Zyklus/Taktmerker" wählen. ②
3) Das Häkchen „Taktmerker" setzen. ③
4) Die Nr. des Merker-Bytes eintragen. ④

7.3 Verknüpfungsergebnis und Zuweisung

Das Verknüpfungsergebnis (VKE) wird während der Bearbeitung einer Operation gebildet. Es wird am Ende der Operation zugewiesen, um eine bestimmte Reaktion des Programms (z. B. Schalten eines Ausganges) zu erzielen.

Zuweisungen wirken **VKE-begrenzend**, d. h., nach der Zuweisung kommen neue Operationen, die auch wieder ein neues VKE bilden.

Beispiel eines AWL-Programms

Programm	Zustand*	VKE
O E 1.0	① 0	0
O E 1.1	② 1 →	1
= A 2.0	③ 1 ←	1
U E 1.2	1	④ 0
U E 1.3	0	0
= A 3.0	0	⑤ 0

① Der erste Eingang des ODER liegt auf „0", deshalb bleibt auch das VKE noch auf „0".
② Da der zweite Eingang „1" bekommt, ist die Verknüpfung erfüllt → VKE = „1".
③ Das VKE wird auf A 2.0 ausgegeben.
④ Die Zuweisung ist VKE-begrenzend, d. h., ein neues VKE muss gebildet werden. Derzeit ist VKE = „0", da (noch) nicht beide Eingänge auf „1" liegen.
⑤ Da der zweite Eingang auf „0" liegt, bleibt das VKE hier auf „0"→ der Eingang bleibt inaktiv.

* Unter Zustand versteht man den Signalzustand des Ein-/Ausganges

7.4 Operationen

Operationen sind ein Teil der STEP 7-Befehle und beschreiben, WAS bei der Ausführung des Programms mit den Operanden (Ein-/Ausgänge ...) geschehen soll.

Eine Gesamtübersicht aller Operationen erscheint, wenn der Button „Programm-Elemente" in der Maske „Bausteine Editor" betätigt wird.

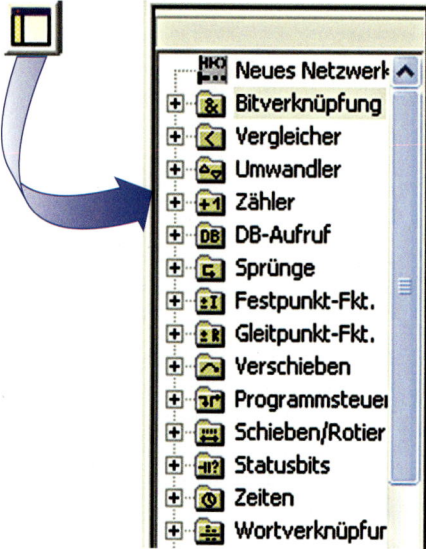

7.4.1 Logische Verknüpfungen (Bitverknüpfungen)

ODER-Box (in FUP-Darstellung)

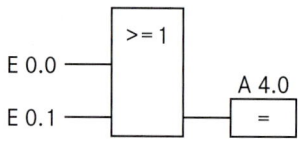

UND-Box (in FUP-Darstellung)

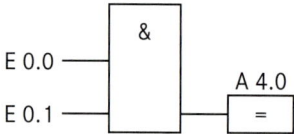

EXOR-Box (in FUP-Darstellung)

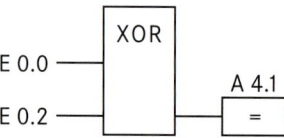

Die logischen Verknüpfungen bilden aus den Eingangssignalen das Verknüpfungsergebnis (VKE).

Das VKE hat den Wert „1", wenn die Verknüpfungsvorschrift (z. B. &) erfüllt ist.

Über die Zuweisung (=) wird das VKE an einen Operanden (z. B. Merker, Ausgang) weitergegeben.

7.4.2 R-S-Speicherfunktionen (Flip-Flops)

R-S-Flip-Flops besitzen einen **SET**-Eingang und einen **RESET**-Eingang.

Ein kurzzeitiger Signalzustand „1" am jeweiligen Eingang bewirkt das Setzen bzw. Rücksetzen.

Flip-Flops sind Speicherglieder, deren Zustand man üblicherweise an nachfolgende Operanden zuweist. Die Zuweisung kann z. B. erfolgen an:

- Eingänge (**E**)
- Ausgänge (**A**)
- Merker (**M**)
- Datenspeicher (**D**) eines Datenbausteins

Da es vorkommen kann, dass beide Eingänge (SET und RESET) gleichzeitig den Zustand „1" führen, muss definiert werden, welchen Zustand in einem solchen Fall der Ausgang annehmen soll.

Hierbei gibt es zwei Möglichkeiten:

- vorrangiges Rücksetzen
- vorrangiges Setzen

a) Vorrangiges Rücksetzen: S-R-Flip-Flop

Beim S-R-FF wird der **RESET**-Eingang als Letztes programmiert. (Er steht auch bei der Bezeichnung „SR" an zweiter Stelle.) Deshalb wird er auch zuletzt bearbeitet.

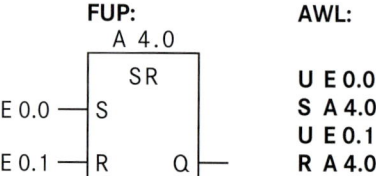

b) Vorrangiges Setzen: R-S-Flip-Flop

Beim R-S-FF wird der **SET**-Eingang als Letztes programmiert. (Er steht auch bei der Bezeichnung „RS" an zweiter Stelle.) Deshalb wird er auch zuletzt bearbeitet.

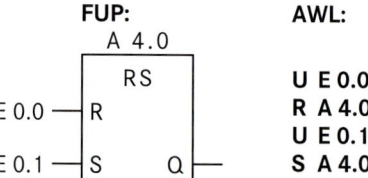

Der kurzzeitige 1 → 0 bzw. 0 → 1-Wechsel am Ausgang findet nur im Prozessabbild statt, an der Ausgabebaugruppe bleibt der Zustand konstant.

7.4.3 Zeitfunktionen (Timer)

Steuerungsaufgaben erfordern oft den Einsatz von Zeitfunktionen. Die SIMATIC S7-Geräte haben verschiedene Zeitfunktionen in der Zentralbaugruppe integriert.

Die Anzahl der verfügbaren Zeitzellen richtet sich nach dem CPU-Typ.

Übersicht: Anzahl der Zeitzellen für die verschiedene S7-CPUs:

CPU 312 CPU 312C	CPU 313C CPU 314 CPU 314C CPU 315-2DP	CPU 317-2DP	CPU 319-3PN/DP
128 Timer	256 Timer	512 Timer	2048 Timer

Die Zeitwert-Vergabe (Laufzeit) sowie der Start/Stop der Zeiten erfolgt über das Anwenderprogramm, wozu die einzelnen Parameter (s. u.) dienen.

Timer-Parameter:

Zeit starten lässt den Timer bei positiver Flanke (0 → 1) loslaufen.

Timer-Nr. gibt die Nummer der Zeitzeile an, z. B. **T5**
Die **Art des Timers** wird durch das Symbol (KOP/FUP) bzw. den AWL-Befehl festgelegt.

Zeitwert im Dual-Code. Dieser Wert kann zugewiesen werden z. B. auf Ausgangs-, Merker- oder Datenworte.

Zeitwert 127 Sekunden im Dualcode ③

| 0 | 0 | 0 | 0 | 0 | 0 | 0 | 0 | 0 | 1 | 1 | 1 | 1 | 1 | 1 | 1 |

127 s = 64+32+16+ 8 + 4 + 2 + 1

Zeitwert-Vorgabe
(Timer**W**ert)
a) als Zeitkonstante
S5T#2H_44M_50S
entspricht einer Zeit von 2 Stunden 44 Minuten und 50 Sekunden.
Auch Millisekunden (MS) möglich.
Werte werden z. T. automatisch gerundet!
oder
b) als Vorgabewert im BCD-Format ②
– Eingangsworte
– Ausgangsworte
– Merkerworte
– Datenworte

T–Nr.

S_IMPULS

S   DUAL

TW   DEZ

R   Q

Zeit rücksetzen bewirkt, dass der aktuelle Zeitwert gelöscht wird und dass der Ausgang Q auf „0" geht.

Zeitwert im BCD-Code. Dieser Wert kann codiert zugewiesen werden z. B. auf Ausgangs-, Merker- oder Datenworte.

Zeitwert 127 Sekunden als Dezimalzahl (BCD ④)

| 0 | 0 | 1 | 0 | 0 | 0 | 0 | 1 | 0 | 0 | 1 | 0 | 0 | 1 | 1 | 1 |

Basis: 1 s   1   2   7 s

Binärer Zustand (0/1) des Timers, s. hierzu die einzelnen Zeit-Ablauf-Diagramme. Q kann zugewiesen werden auf Ausgänge, Merker .... Ebenso ist eine Abfrage möglich z. B. **U T5**

Aufbau einer Zeitzelle

Die Zeitwerte des Timers werden in einer 16 Bit (Wort) großen Zeitzelle abgelegt.

Die Bits 0 bis 11 enthalten den Zeitwert im BCD-Format. **BCD** bedeutet „**B**inär-**C**odierte-**D**ezimalzahl". Im BCD-Code wird jede Ziffer (0...9) als 4 Bit lange Information abgelegt.

Bit 12 und 13 geben die Zeitbasis ① der Zeitzelle an:

00	10 ms
01	0,1 s
10	1 s ①
11	10 s

Soll die Laufzeit eines Timers in Wortform (Eingangs-, Ausgangs-, Merker- oder Datenwort) eingegeben werden, so müssen diese Daten im BCD-For-

mat der Zeitzelle vorliegen ②. Die Ausgabe der Zeitzellen kann im Dual-Code ③ oder als Dezimalzahl (= BCD codiert, ④) erfolgen.

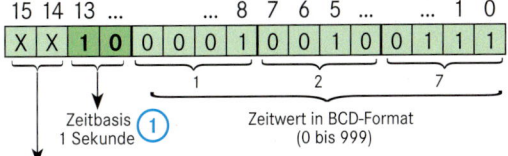

15 14 13 ...   ... 8 7 6 5 ...   ... 1 0

| X | X | 1 | 0 | 0 | 0 | 0 | 1 | 0 | 0 | 1 | 0 | 0 | 1 | 1 | 1 |

1   2   7

Zeitbasis ① 1 Sekunde

Zeitwert in BCD-Format ① (0 bis 999)

Irrelevant: Diese Bits werden nicht beachtet, wenn die Zeit gestartet wird.

Der Inhalt der Zeitzelle kann im Dualcode ③ oder als Dezimalzahl ④

– direkt auf Ausgangsworte ausgegeben

oder

– in Merker- bzw. Datenwort gespeichert werden.

STEP 7 bietet fünf verschiedene Zeitfunktionen, die sich hinsichtlich
Ausgangs- und Ablaufverhalten unterscheiden.

a) Timer-Übersicht:

Eingangssignal   E 0.0

Ausgangssignal   A 4.0 S_IMPULS
(Zeit als Impuls)

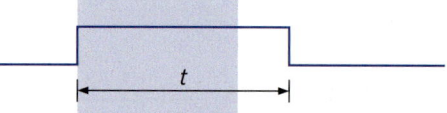

Die maximale Zeit, in der das Ausgangssignal auf „1" bleibt,
ist gleich dem programmierten Zeitwert t. Das Ausgangssignal bleibt für eine kürzere Zeit auf „1", wenn das Eingangssignal auf „0" wechselt.

Ausgangssignal   A 4.0 S_VIMP
(Zeit als verlän-
gerter Impuls)

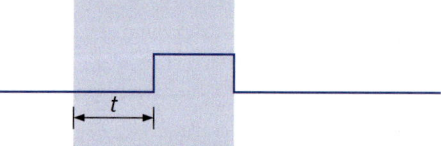

Das Ausgangssignal bleibt für die programmierte Zeit auf
„1", unabhängig davon, wie lange das Eingangssignal auf „1"
bleibt.

Ausgangssignal   A 4.0 S_EVERZ
(Zeit als Einschalt-
verzögerung)

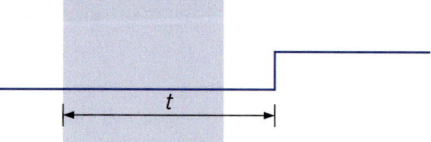

Das Ausgangssignal ist nur „1", wenn die programmierte
Zeit abgelaufen ist und das Eingangssignal noch immer „1"
beträgt.

Ausgangssignal   A 4.0 S_SEVERZ
(Zeit als speich.
Einschaltverzö-
gerung)

Das Ausgangssignal wechselt von „0" auf „1", wenn die programmierte Zeit abgelaufen ist, unabhängig davon, wie lange
das Eingangssignal auf „1" bleibt.

Ausgangssignal   A 4.0 S_AVERZ
(Zeit als Aus-
schaltverzöge-
rung)

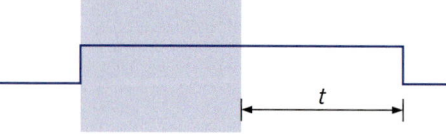

Das Ausgangssignal ist „1", wenn das Eingangssignal „1"
ist oder die Zeit läuft. Die Zeit wird gestartet, wenn das Eingangssignal von „1" auf „0" wechselt.

b) Zeit als Impuls starten S_IMPULS

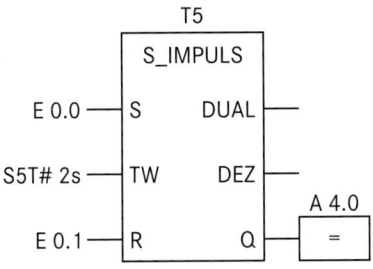

Wechselt der Signalzustand an Eingang E 0.0 von „0" auf „1" (steigende Flanke im VKE), wird die Zeit T5 gestartet. Sie läuft mit dem angegebenen Wert von zwei Sekunden (2 s) ab, solange E 0.0 = „1" ist.

Wechselt der Signalzustand an E 0.0 vor Ablauf der zwei Sekunden von „1" auf „0", wird die Zeit angehalten. Wenn der Signalzustand an E 0.1 von „0" auf „1" wechselt, während die Zeit läuft, wird sie zurückgesetzt. Ausgang A 4.0 ist „1", solange die Zeit läuft.

Beispiele für weitere voreingestellte Zeitwerte:

Einheiten: h (Stunden), m (Minuten), s (Sekunden), ms (Millisekunden)

S5T#4s → 4 Sekunden

S5T#1h_15m → 1 Stunde und 15 Minuten

S5T#2h_46m_30s → 2 Stunden, 46 Minuten und 30 Sekunden

c) Zeit als verlängerten Impuls starten S_VIMP

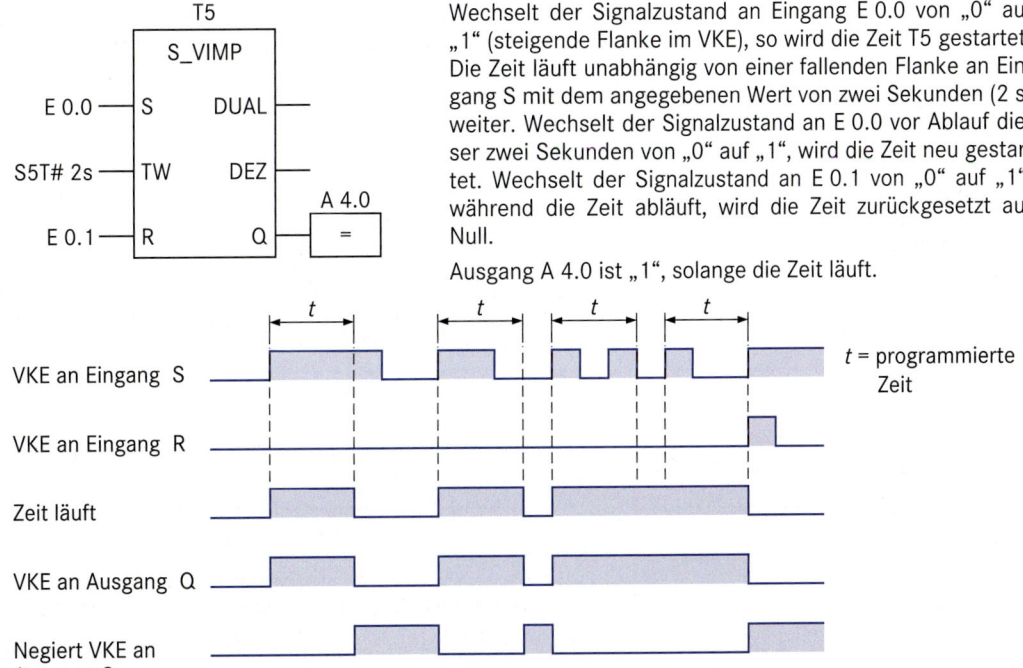

Wechselt der Signalzustand an Eingang E 0.0 von „0" auf „1" (steigende Flanke im VKE), so wird die Zeit T5 gestartet. Die Zeit läuft unabhängig von einer fallenden Flanke an Eingang S mit dem angegebenen Wert von zwei Sekunden (2 s) weiter. Wechselt der Signalzustand an E 0.0 vor Ablauf dieser zwei Sekunden von „0" auf „1", wird die Zeit neu gestartet. Wechselt der Signalzustand an E 0.1 von „0" auf „1", während die Zeit abläuft, wird die Zeit zurückgesetzt auf Null.

Ausgang A 4.0 ist „1", solange die Zeit läuft.

d) Zeit als Einschaltverzögerung starten S_EVERZ

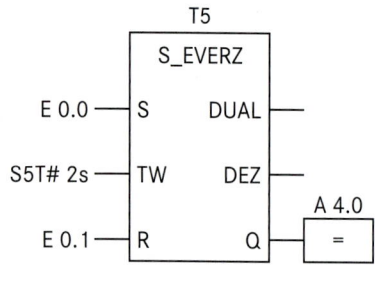

Wechselt der Signalzustand an Eingang E 0.0 von „0" auf „1" (steigende Flanke im VKE), so wird die Zeit T5 gestartet. Ist die angegebene Zeit von zwei Sekunden (2 s) abgelaufen und beträgt der Signalzustand an E 0.0 noch immer „1", dann ist der Signalzustand von Ausgang A 4.0 = 1.

Wechselt der Signalzustand an E 0.0 von „1" auf „0", wird die Zeit angehalten und A 4.0 ist „0".

Wechselt der Signalzustand an E 0.0 von „0" auf „1", während die Zeit abläuft, wird die Zeit neu gestartet.

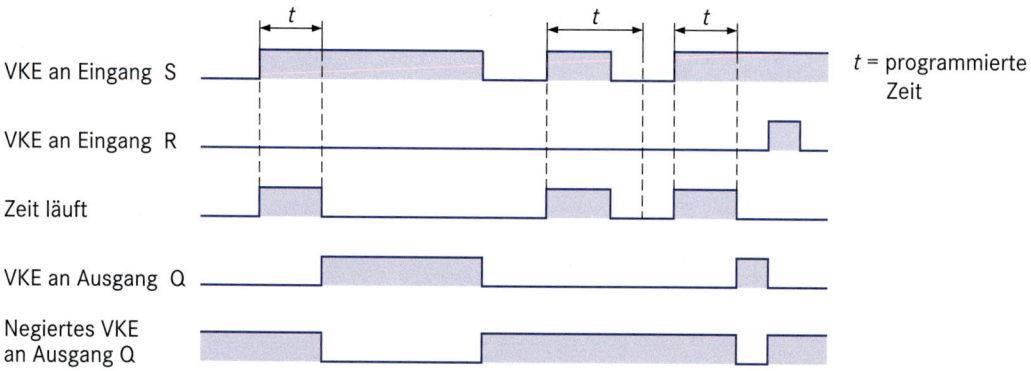

t = programmierte Zeit

e) Zeit als speichernde Einschaltverzögerung starten S_SEVERZ

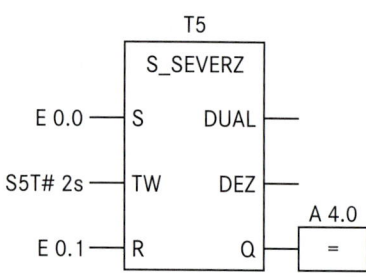

Wechselt der Signalzustand an Eingang E 0.0 von „0" auf „1" (steigende Flanke im VKE), wird die Zeit T5 gestartet. Die Zeit läuft weiter, unabhängig von einem Signalwechsel an E 0.0 von „1" auf „0".

Wechselt der Signalzustand an E 0.0 vor Ablauf des angegebenen Wertes von „0" auf „1", wird die Zeit neu gestartet.

Wechselt der Signalzustand an E 0.0 von „0" auf „1", während die Zeit abläuft, wird die Zeit neu gestartet.

Ausgang A 4.0 ist „1", nachdem die Zeit abgelaufen ist und E 0.1 auf „0" bleibt.

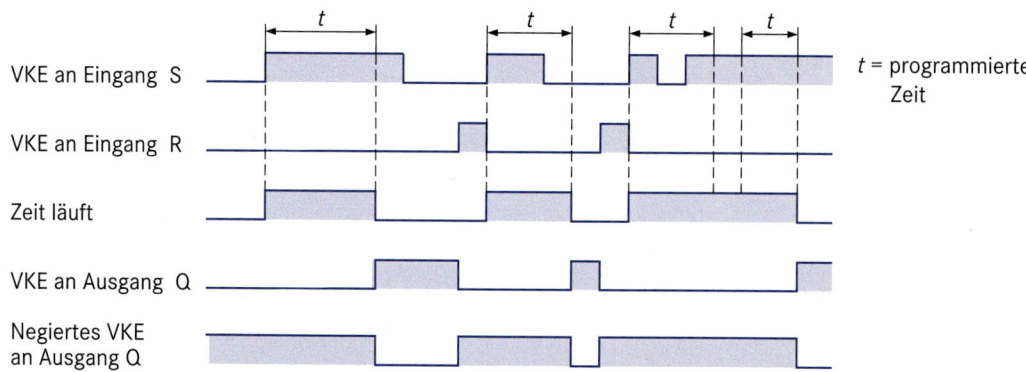

t = programmierte Zeit

f) Zeit als Ausschaltverzögerung starten S_AVERZ

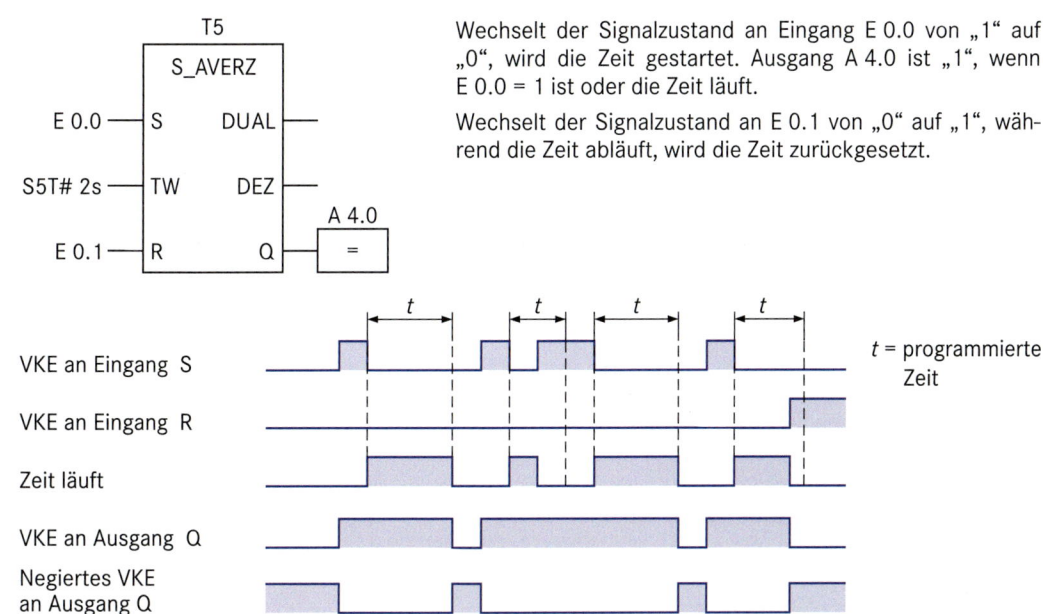

Wechselt der Signalzustand an Eingang E 0.0 von „1" auf „0", wird die Zeit gestartet. Ausgang A 4.0 ist „1", wenn E 0.0 = 1 ist oder die Zeit läuft.

Wechselt der Signalzustand an E 0.1 von „0" auf „1", während die Zeit abläuft, wird die Zeit zurückgesetzt.

t = programmierte Zeit

7.4.4 Zähler (Counter)

In der Steuerungstechnik werden für das Erfassen von Stückzahlen, Impulsen, Entfernungen etc. Zählfunktionen benötigt.
Bei den SIMATIC-Steuerungen sind solche Zähler bereits in der Zentralbaugruppe integriert. Sie besitzen dort einen eigenen reservierten Speicherbereich.

Die Anzahl der verfügbaren Zähler richtet sich nach dem CPU-Typ.

Übersicht: Anzahl der Zähler für die verschiedenen S7-CPUs:

CPU 312 CPU 312C	CPU 313C CPU 314 CPU 314C CPU 315-2DP	CPU 317-2DP	CPU 319-3PN/DP
128 Zähler	256 Zähler	512 Zähler	2048 Zähler

Das Setzen des Zählerwertes sowie das Aufwärts-/Abwärtszählen erfolgt über das Anwenderprogramm, wozu die einzelnen Parameter (s. nächste Seite) dienen.

In FUP und KOP existieren drei verschiedene Zähler-Boxen:

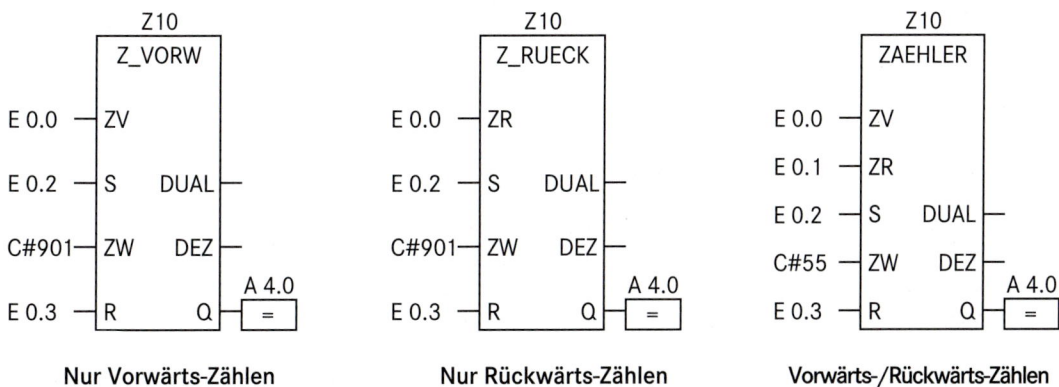

    Nur Vorwärts-Zählen   **Nur Rückwärts-Zählen**   **Vorwärts-/Rückwärts-Zählen**

Zähler-Parameter

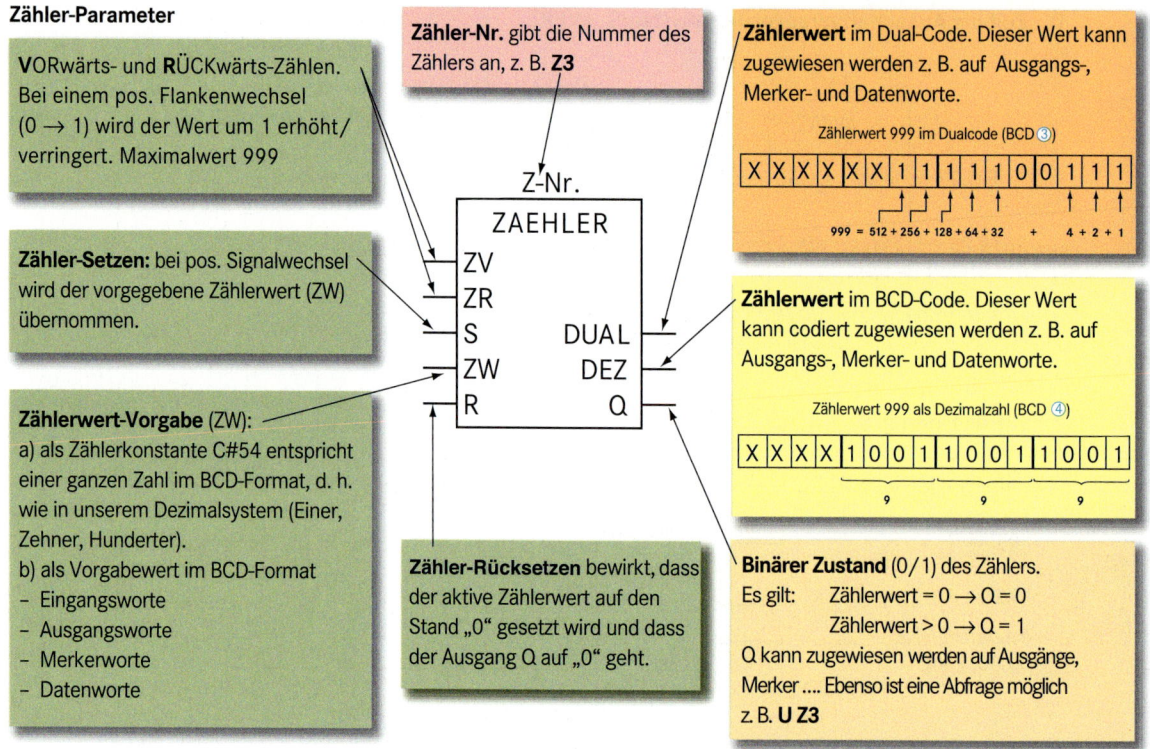

VORwärts- und **RÜCK**wärts-Zählen. Bei einem pos. Flankenwechsel ($0 \rightarrow 1$) wird der Wert um 1 erhöht/verringert. Maximalwert 999

Zähler-Nr. gibt die Nummer des Zählers an, z. B. **Z3**

Zählerwert im Dual-Code. Dieser Wert kann zugewiesen werden z. B. auf Ausgangs-, Merker- und Datenworte.

Zählerwert 999 im Dualcode (BCD ③)

| X | X | X | X | X | X | 1 | 1 | 1 | 1 | 1 | 0 | 0 | 1 | 1 | 1 |

$999 = 512 + 256 + 128 + 64 + 32 \quad + \quad 4 + 2 + 1$

Zähler-Setzen: bei pos. Signalwechsel wird der vorgegebene Zählerwert (ZW) übernommen.

Zählerwert im BCD-Code. Dieser Wert kann codiert zugewiesen werden z. B. auf Ausgangs-, Merker- und Datenworte.

Zählerwert 999 als Dezimalzahl (BCD ④)

| X | X | X | X | 1 | 0 | 0 | 1 | 1 | 0 | 0 | 1 | 1 | 0 | 0 | 1 |

9   9   9

Z-Nr.

ZAEHLER

ZV
ZR
S   DUAL
ZW   DEZ
R   Q

Zählerwert-Vorgabe (ZW):
a) als Zählerkonstante C#54 entspricht einer ganzen Zahl im BCD-Format, d. h. wie in unserem Dezimalsystem (Einer, Zehner, Hunderter).
b) als Vorgabewert im BCD-Format
- Eingangsworte
- Ausgangsworte
- Merkerworte
- Datenworte

Zähler-Rücksetzen bewirkt, dass der aktive Zählerwert auf den Stand „0" gesetzt wird und dass der Ausgang Q auf „0" geht.

Binärer Zustand (0/1) des Zählers.
Es gilt: Zählerwert = 0 → Q = 0
              Zählerwert > 0 → Q = 1
Q kann zugewiesen werden auf Ausgänge, Merker .... Ebenso ist eine Abfrage möglich z. B. **U Z3**

Abfolgediagramm eines Zählers, der mit dem Wert 5 gesetzt wird:

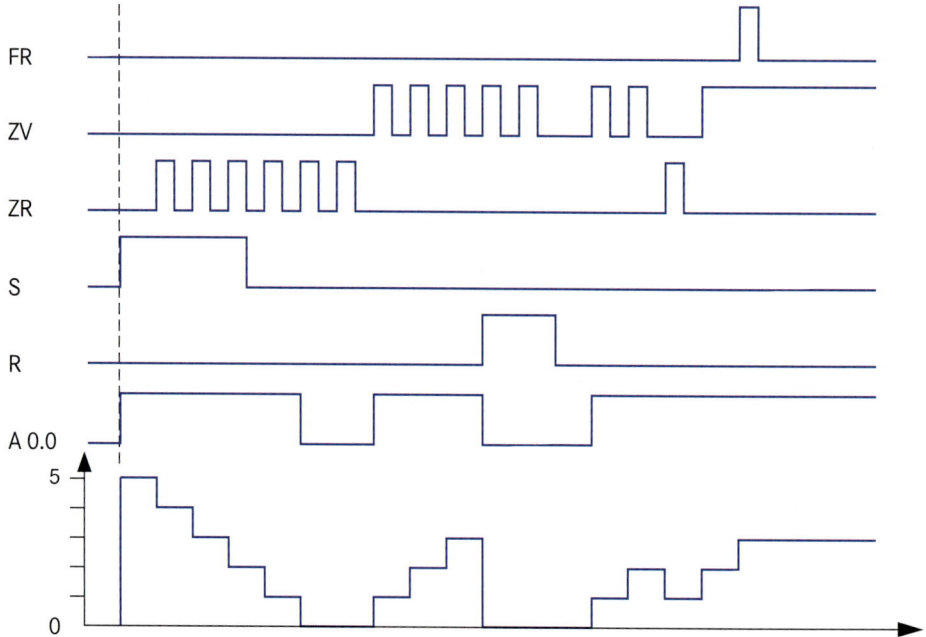

Die Freigabe des Zählers (s. Diagramm) kann nur in AWL erfolgen.

Wird einer der beiden Eingänge ZV/ZR nicht benötigt, so wird er in AWL nicht programmiert. Auch in KOP/FUP können Ein- und Ausgänge unbeschaltet bleiben.

7.4.5 Lade- und Transferoperationen

Die Lade- und Transferoperationen ermöglichen es, Informationen zwischen Eingängen, Ausgängen, Merkerspeichern, Datenbausteinen, Zeiten und Zählern auszutauschen. Diese Informationen können byte-, wort- oder doppelwortweise übertragen werden.

Lade- und Transferoperationen können nur in AWL programmiert werden.

Der Informationsaustausch erfolgt nicht direkt, sondern über einen Zwischenspeicher in der CPU, den AKKU 1.

Der Informationsfluss ist richtungsgebunden:

Laden: vom Quellspeicher in den AKKU 1

Transferieren: vom AKKU in den Zielspeicher

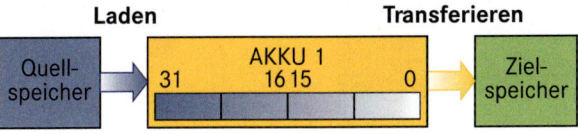

Wird Information zwischen AKKU 1 und Ein-/Ausgängen ausgetauscht, so erfolgt dies nicht direkt von/zu den Signalbaugruppen, sondern über das Prozessabbild PAE/PAA.

Beispiel:

Dieses kurze Programm liest den bitweisen Zustand des EW 2 ein und transferiert ihn anschließend auf das AW 6. Es liest weiterhin die Konstante „9" ein und transferiert diese auf AW 8.

Zwischen der ersten und der zweiten Transaktion wird der AKKU automatisch gelöscht.

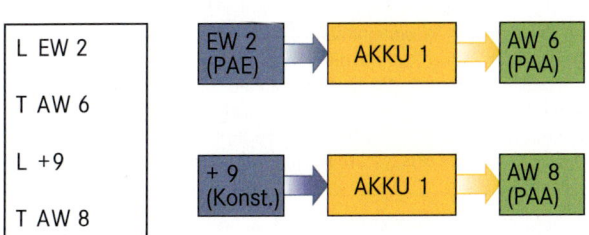

7.4.6 Vergleichsoperationen

STEP 7 bietet die Möglichkeit, zwei Zahlenwerte miteinander zu vergleichen und das Ergebnis dieses Vergleiches unmittelbar zu verwerten.

Ein Vergleich ist oft nach Zählvorgängen notwendig.

So kann beispielsweise mittels Vergleich überprüft werden, ob in einem Parkhaus die maximale Anzahl der Stellplätze belegt ist, um in diesem Fall eine „Überfüllt-Meldung" auszugeben.

Damit zwei Zahlen miteinander verglichen werden können, müssen sie dasselbe Format haben.

Folgende Zahlenformate können miteinander verglichen werden:

– zwei Ganzzahlen 16 Bit (Symbol I)

– zwei Ganzzahlen 32 Bit (Symbol D)

– zwei Realzahlen 32 Bit (Symbol R) = Gleitpunktzahlen

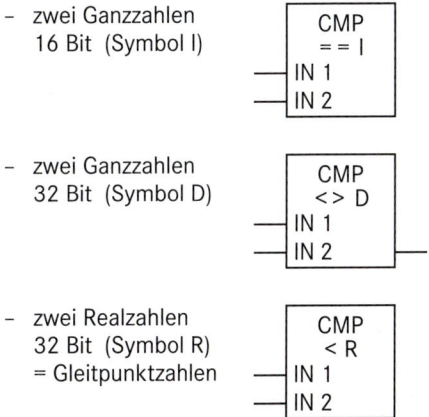

Es sind sechs verschiedene Vergleiche zweier Zahlen möglich:

Vergleichsart	Relationszeichen
IN 1 ist gleich IN 2	= =
IN 1 ist ungleich IN 2	< >
IN 1 ist größer IN 2	>
IN 1 ist kleiner als IN 2	<
IN 1 ist größer als oder gleich IN 2	> =
IN 1 ist kleiner als oder gleich IN 2	< =

Das Ergebnis des Vergleiches ist binär:

Vergleich wahr TRUE = „1"   Vergleich falsch FALSE = „0"

Beispiel einer Vergleichsoperation in FUP:

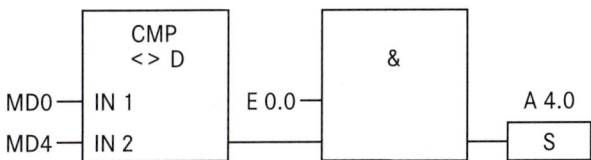

A 4.0 wird gesetzt, wenn:

– MD0 ungleich MD 4 ist

– UND an Eingang E 0.0 der Signalzustand „1" ist

Die beiden MERKER-Doppelworte (2 x 16 Bit = 32 Bit) werden als Ganzzahlen auf Ungleichheit („< >") verglichen. Der Ausgang der Vergleichs-Box ist dann „1", wenn die beiden Zahlen nicht gleich groß sind.

8. Bussysteme in der Automatisierungstechnik

In der Automatisierungstechnik, wie auch allgemein in der Technik, gewinnen Bussysteme zunehmend an Bedeutung.

Bussysteme dienen dem gesammelten Übertragen von Daten. So werden beispielsweise im Kfz die bisherigen dicken Kabelbäume durch eine dünne Busleitung ersetzt. Neben Kosten- und Gewichtsersparnis bieten hier Busleitungen eine hohe Datenübertragungsrate und Zusatzeigenschaften, die mit herkömmlicher Einzelverdrahtung kaum zu realisieren wären.

Auch beim Einsatz speicherprogrammierbarer Steuerungen ist es ab einer gewissen Anlagengröße wirtschaftlicher, die aufwändige Einzelverdrahtung (Abb. 1) durch entsprechende Bussysteme zu ersetzen (Abb. 2).

Neben dem Einsparen von Leitungen und Verdrahtungsaufwand ermöglichen moderne Bussysteme die Anbindung zahlreicher intelligenter Steuerungsbaugruppen an die SPS. Auch die Vernetzung von SPS-Geräten untereinander und der Informationsaustausch zwischen SPS und übergeordneten Rechnerebenen wird über Bussysteme realisiert.

Ebenen der Automatisierungstechnik

In Produktionsstätten, die nach CIM*-Konzepten realisiert sind, lassen sich die Automatisierungs-

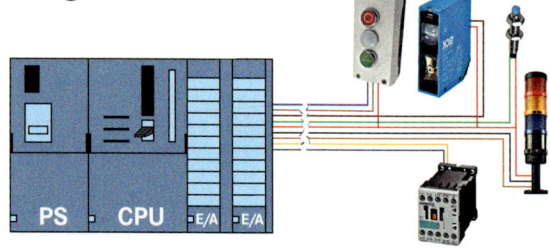

1: Einzelverdrahtung

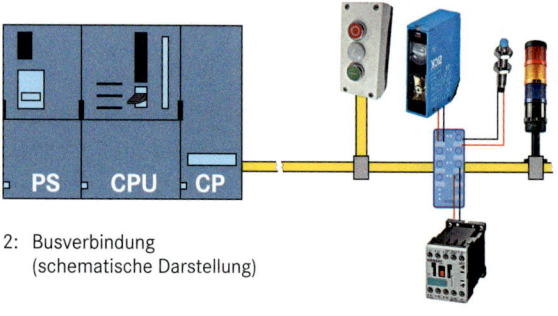

2: Busverbindung
   (schematische Darstellung)

aufgaben in Ebenen unterschiedlicher Komplexität einteilen. In den einzelnen Ebenen werden Bussysteme verwendet, deren Leistungsmerkmale zu den gestellten Anforderungen passen (Abb. 3).

***CIM** = **C**omputer **I**ntegrated **M**anufacturing

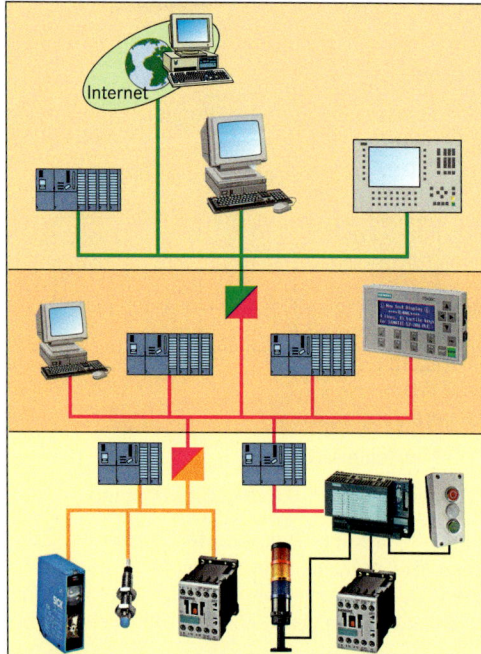

In der **Leit- und Planungsebene** erfolgt die Koordination einzelner Produktbereiche. Hier fließen große Datenmengen aller Produktionsbereiche zusammen. Beispielsweise werden Daten erfasst, um entsprechend den Wareneinkauf zu lenken oder den Lagerstand zu erfassen. Hinzu kommt die Dokumentation des Produktionsprozesses im Rahmen der Qualitätssicherung oder zur Optimierung einzelner Produktionsschritte. In dieser Ebene erfolgt auch die Anbindung an das Internet über herkömmliche Rechnersysteme. Das geeignete Bussystem ist das **Industrial Ethernet**.

In der **Zellebene** erfolgt der Datentausch zwischen speicherprogrammierbaren Steuerungen, PCs und Geräten zum Bedienen und Beobachten von Produktionsprozessen. Es lassen sich einzelne Produktionseinheiten miteinander vernetzen. Für diese Ebene ist beispielsweise der **PROFI-Bus oder Profi-Net geeignet**.

In der **Feldebene** erfolgt der Datentausch zwischen den Ein- und Ausgabegeräten (Aktoren und Sensoren), auch Feldgeräte genannt, mit dem Automatisierungsgerät. Die Feldgeräte erfassen dabei Signale aus dem technischen System. Diese werden anschließend an das Automatisierungsgerät übertragen und dort verarbeitet. Die zu verarbeitende Datenmenge ist gering. Jedoch werden hohe Anforderungen an die Verarbeitungsgeschwindigkeit gestellt. Geeignete Bussysteme dafür sind der **ASI-Bus oder der PROFI-Bus-DP**.

3: Ebenen der Automatisierungstechnik

8.1 Eigenschaften ausgewählter Bussysteme

In der Automatisierungstechnik haben einige Bussysteme eine relativ große Verbreitung gefunden.

Drei davon werden in Abb. 4 vorgestellt. Weltweit bieten eine große Anzahl von Herstellern Komponenten für diese normierten Bussysteme an. Die Einhaltung der festgelegten Standards gewährleistet, dass die Geräte verschiedener Hersteller innerhalb des Bussystems problemlos miteinander zusammenarbeiten.

Zudem gibt es entsprechende Koppler (Gateways), die verschiedene Busnetze miteinander verbinden. Sie haben die Aufgabe, Signale in beide Richtungen so umzusetzen und aufzubereiten, dass der Datenfluss zwischen den verschiedenen Netzen reibungslos funktioniert.

Bussystem	Aktor-Sensor-Interface	PROFI-BUS DP (Process-Field-Bus)	PROFI-NET (basierend auf Industrial Ethernet)	Industrial Ethernet
Datenrate	Aktualisierungszeit 5 ms (V2.0); 10 ms (V2.1)	9,6 KBit/s bis 12 Mbit/s (einstellbar)	10/100 Mbits/s	10/100 Mbits/s 1 GBits/s
maximale **Teilnehmerzahl**	62 Slave mit je 4E/3A (248 Eingänge, 186 Ausgänge bei Vers. 2.1)	125 (bei Profi-Bus PA mehr)	über 1000	
Netzgröße (LAN)	100 m pro Segment elektrisch bis 600 m (mit Repeater und Extension Plug)	elektrisch bis 9,6 km optisch bis 90 km	elektrisch bis 5 km optisch bis 150 km (weltweit über TCP/IP) drahtlos über WLAN	
Netz-**Topologie**	Linie, Baum, Stern	Linie, Baum, Stern, Ring	Linie, Baum, Stern, Ring	
Übertragungsmedium	ungeschirmte Zweidrahtleitung (AS-i Profil) oder Rundleitung Daten und 24 V-Versorgung auf der gelben Leitung. Bei erhöhtem Slave-Strom zusätzlich schwarze Energieleitung	geschirmte, violette Zweidrahtleitung, Lichtwellenleiter oder Infrarotübertragung	zweifachgeschirmte, grüne Zweidrahtleitung, Lichtwellenleiter	
Anschlüsse	Anschluss in Durchdringungstechnik (Stachel) oder M12-Rundstecker	Anschluss über Sub-Stecker mit Signaldurchschleifung und Zugentlastung oder M12-Rundstecker	Anschluss über RJ45-Stecker oder M12-Rundstecker mit Schirmung nach CAT5	
Anwendung	*Anschluss von Sensoren und Aktoren (z.B. Pneumatikventilinseln) direkt in der Feldebene: – Förder- und Transportanlagen – Produktionsmaschinen – Fertigungsstraßen – ...	*Vernetzung mehrerer SPS-Geräte miteinander *Anschluss von dezentralen Feldgeräten (**DP** = **D**ezentrale **P**eripherie) zum Beispiel: – Motorstarter – Frequenzumrichter – ...	*Anbindung von SPS-Geräten an Rechnernetze (Intranet und Internet) beispielsweise zu Zwecken der – Lagerhaltung – Produktionsplanung – Qualitätskontrolle – Fernwartung – ...	

4: Verbreitete Bussysteme in der Automatisierungstechnik

8.2 AS-i Bus (Aktor-Sensor-Interface)

Das AS-i Bussystem kommt in der untersten Automatisierungsebene, der so genannten **Aktor-Sensor-Ebene** zum Einsatz. Über die gelbe AS-i Leitung können bis zu 434 Aktoren und Sensoren an die SPS angeschlossen werden.

AS-i ist nach dem **Single-Master-Prinzip** konzipiert. Dabei steuert die SPS als Master den Datenverkehr auf dem Bus. Die angeschlossenen Aktoren und Sensoren werden als **Slaves** bezeichnet. Bei AS-i Version V2.1 können bis zu 62 Slaves an eine Masterunit (= Kommunikationsbaugruppe in der SPS) angeschlossen werden (Abb. 1).

Datenverkehr

Der Datenaustausch erfolgt nach dem **Polling-Prinzip**. Dabei ruft die Master-Baugruppe zyklisch nacheinander alle Slaves auf und tauscht mit ihnen Eingangs- und Ausgangsinformationen aus. Die sehr kurze Zykluszeit liegt dabei unterhalb von 5 Millisekunden. Anhand dieser **kurzen Zykluszeit** sind auf der Feldebene kurze Reaktionszeiten in Echtzeit möglich. Diese Eigenschaft ist bei vielen schnellen Produktionsvorgängen enorm wichtig.

Buskomponenten

Zum Aufbau eines AS-i Bussystems sind folgende vier Buskomponenten erforderlich:

(1) **Master-Baugruppe** (Kommunikationsprozessor)
Die Busleitung wird über einen Kommunikationsprozessor (**C**ommunication **P**rocessor CP 343) an die SPS angeschlossen. Der CP dient als AS-i-Master. Diese Baugruppe muss zusätzlich erworben werden. Sie kann ab Steckplatz 4 an jeder beliebigen Position gesteckt werden. Der Adressbereich ergibt sich aus dem Steckplatz des CP.

(2) **AS-i Slaves**
AS-i Slaves sind Geräte, die speziell für den Anschluss und die Kommunikation im AS-i-System konstruiert wurden (z. B. Abb. 1: Slaves 1 und 3). Werden herkömmliche Aktoren oder Sensoren verwendet, so werden diese über ein Koppelmodul (Abb. 2) per M12-Rundstecker angeschlossen.

(3) **AS-i Netzteil**
Die Energieversorgung der einzelnen Feldgeräte erfolgt über die gelbe Busleitung mit einer Busspannung von 30V DC. Es ist wichtig, ein spezielles AS-i-Netzteil zu verwenden, da bei herkömmlichen Netzteilen die Bussignale gedämpft würden. Aktoren mit hohem Strombedarf (z. B. Pneumatik-Ventilinseln) werden über eine zusätzliche, schwarze Profilleitung mit 24V DC versorgt (Abb. 2). Dazu ist ein zusätzliches konventionelles Netzteil erforderlich.

(4) **Busleitung**
Zur Verbindung der einzelnen Komponenten wird eine ungeschirmte Zweidrahtleitung mit spezi-

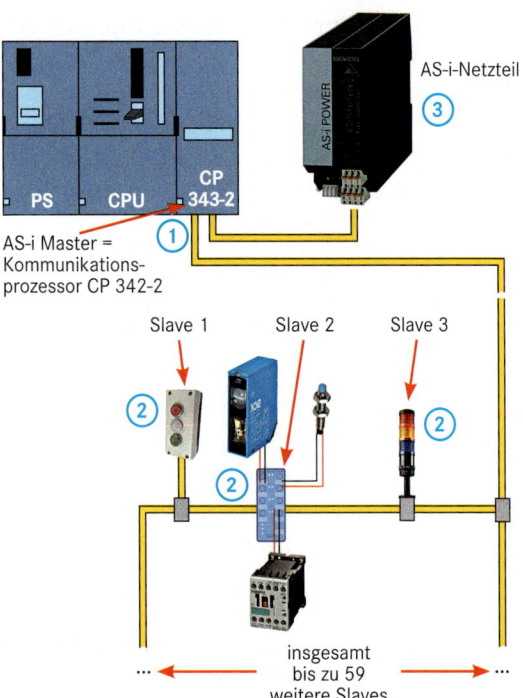

1: Prinzipieller Aufbau eines AS-i Bussystems

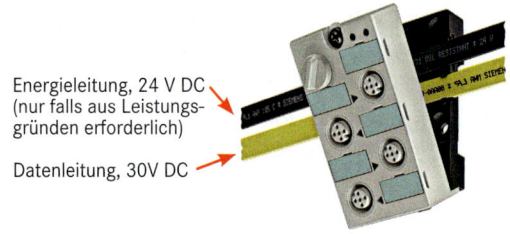

Energieleitung, 24 V DC
(nur falls aus Leistungsgründen erforderlich)

Datenleitung, 30V DC

2: AS-i Koppelmodul

ellem, **verpolungssicherem Profil** verwendet. Der Anschluss erfolgt meist in der so genannten **Durchdringungstechnik** (Piercing Technology, Abb. 3). Dabei wird jeder Leiter von zwei spitzen Dornen kontaktiert. Nach Entfernen der angeschlossenen Module ist die Schutzart IP67 wieder hergestellt, so dass ein Umbau von Komponenten rasch und problemlos erfolgen kann. Auch die Verbindung und Abzweigung der Leitungen erfolgt in dieser Technik über so genannte Flachkabelverteiler (Abb. 4).

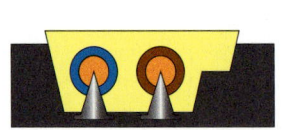
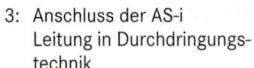

3: Anschluss der AS-i Leitung in Durchdringungstechnik

4: Flachkabelverteiler zum Verbinden von AS-i Datenleitungen

8.3 Anbindung des AS-i Bussystems an die SPS

Adressierung der Slaves

Damit die Slaves von der Masterunit (CP 434) eindeutig erkannt werden, benötigen alle Slaves eine eigene Adresse. Diese **Adresse** besteht aus einer Zahl im Bereich von **1 bis 31** (Vers. 2.0) bzw. **1 bis 62** (Vers. 2.1). Zum Adressieren wird der jeweilige Slave an das AS-i Adressiergerät angeschlossen, das dann die gewünschte Adresse dauerhaft auf dem Speicher des Slave hinterlegt (Abb. 1).

Anschluss der Buskomponenten

Alle Buskomponenten werden nun an die gelbe Datenleitung angeschlossen. Das AS-i Netzteil (30V DC) kann direkt am AS-i Master an die abgehende Datenleitung geklemmt werden, da dort entsprechende Anschlussklemmen vorhanden sind. Falls die Slaves hohe Ströme benötigen, können sie zusätzlich über eine schwarze Profilleitung mit 24 V DC versorgt werden.

Parametrierung des Kommunikationsprozessors

- **CPU**-Baugruppe der SPS auf **STOP** schalten
- **SET**-Taste (5) der CP343-2 Baugruppe drücken, damit wird der Projektierungsmodus aktiviert, die LED „CM" leuchtet
- die aktiven Slaves werden erkannt und an den Diagnose LEDs der CP-Baugruppe angezeigt
- **SET**-Taste erneut drücken, die LED „CM" erlischt
- **CPU**-Baugruppe der SPS auf **RUN** schalten

Hardwarekonfiguration des AS-i Master CP343-2

Zusätzlich zu den anderen SPS-Baugruppen muss der Kommunikationsprozessor in die Hardwarekonfiguration aufgenommen werden. Der Baugruppe wird ein Adressbereich von 16 Byte (= 4 Doppelworte) zugewiesen, der Beginn des Adressraumes hängt vom jeweiligen Steckplatz der Baugruppe ab (z. B. Eingangs-/Ausgangsbyte 256 in Abb. 3, (6)). Dieser Wert könnte durch Anwahl der „Objekteigenschaften" abgeändert werden.

Transfer der AS-i-Signale im STEP 7-Programm

Die AS-i Signale werden im Step 7-Programm wie ganz normale Ein- und Ausgänge programmiert. Die AS-i-Eingangssignale kommen über **Peripherie-Eingangsinformationen** (PEB, PEW, PED) in die CPU. Die Ausgangssignale werden über **Peripherie-Ausgangsinformationen** an die AS-i-Slaves ausgegeben. In OB1 werden die AS-i-Informationen auf freie Eingangs-/Ausgangsadressen zugewiesen, die in den Steuerprogrammen verwendet werden. In Abb. 4 werden in Netzwerk 1 ((7)) die **P**eripherie-**E**ingangsadressen als **D**oppelworte (**PED**) in die Eingangsadressen EB64 bis EB79 eingelesen. In gleicher Weise erfolgt die Zuweisung der **A**usgänge ((8)) als **D**oppelworte (**AD**) an den AS-i Bus in Form von **P**eripherie-**A**usgangs-**D**oppelworten (**PAD**).

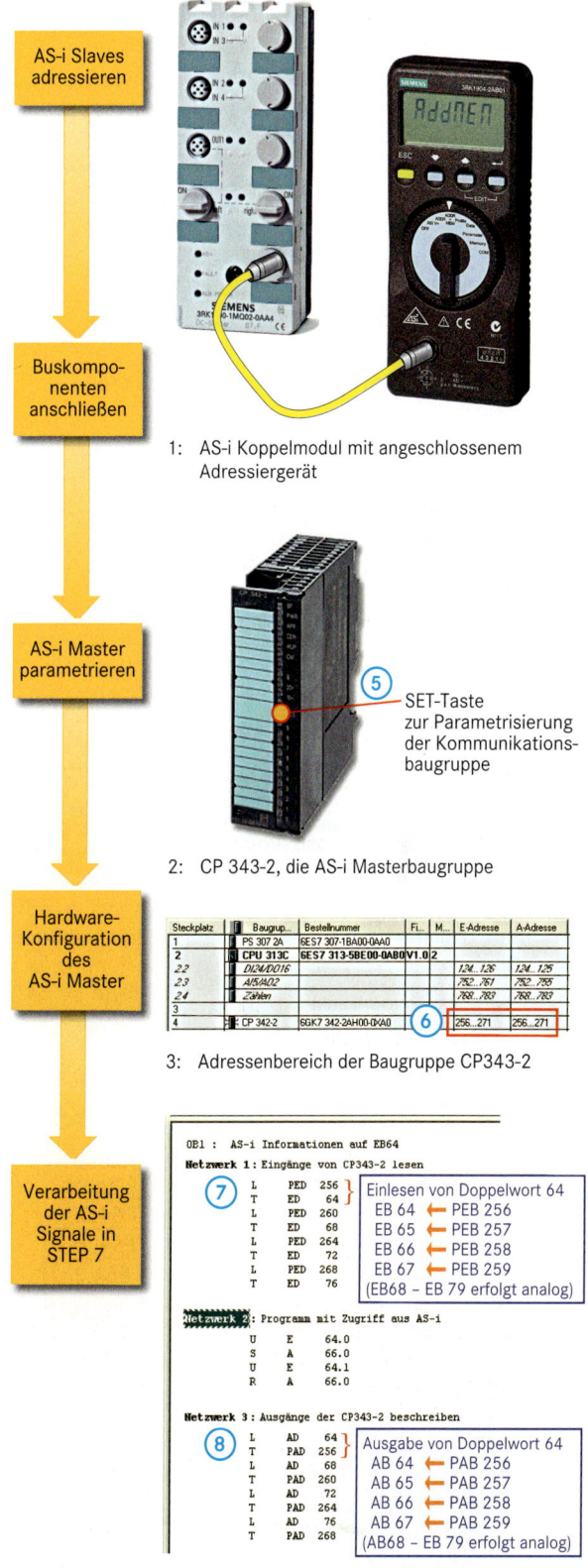

1: AS-i Koppelmodul mit angeschlossenem Adressiergerät

2: CP 343-2, die AS-i Masterbaugruppe

3: Adressenbereich der Baugruppe CP343-2

4: Transferieren der AS-i Informationen als Doppelwort

8.4 Anwendungsbeispiel AS-i Bus

Das folgende Beispiel zeigt, wie einfach die Anwendung des AS-i Bussystems ist. Voraussetzung ist, dass die Hardware entsprechend angeschlossen wurde und das System entsprechend konfiguriert wurde (s. Kap. 8.3).

Auftrag: Ein Transportband soll Teile nach rechts befördern, solange der Taster S2 betätigt wird (Abb. 1). Das Transportband ist Teil einer Produktionsanlage, in der die Peripheriegeräte über ein AS-i Modul mit **Slave-Adresse 1** (1) an die SPS angeschlossen sind.

Peripherieadressen der angeschlossenen Slaves

Die AS-i Master-Baugruppe ist im Beispiel an Steckplatz 4 konfiguriert und erhält damit folgenden steckplatzabhängigen Adressbereich zugeteilt:

- PEB256 – PEB271 (Peripherie-EingangsBytes)
- PAB256 – PAB271 (Peripherie-AusgangsBytes)

Die Adressen der Eingangsbytes und Ausgangsbytes sind bei AS-i dabei gleich. (2) Sie ergeben sich aus dem Steckplatz der Masterbaugruppe (CP).

Jedem AS-i Slave werden vier Eingangsbits und vier Ausgangsbits zugeordnet (Abb. 2, Tabelle).

Das AS-i Koppelmodul des Beispiels hat die Slave-Adresse 1. Die AS-i-Master-Baugruppe verwendet für diesen Slave die ersten vier Bit des Peripheriewortes 256 (Abb. 2, (3)). Da diese Peripherieadressen nicht direkt im Programm verarbeitet werden können, müssen sie zuerst (z. B. in OB 1) auf normale, freie Adressbereiche transferiert werden (s. Kap 8.3). Wird beispielsweise das Peripherieeingangsbyte PEB 256 auf das Eingangsbyte EB 64 übertragen und AB64 auf PAB 256 übertragen, so besitzt

- Tastsensor S2 die Eingangsadresse E 64.3 (5)
- der Antriebs-Aktor Ausgangsadresse A 64.0 (6)

1: Transportband, über AS-i gesteuert

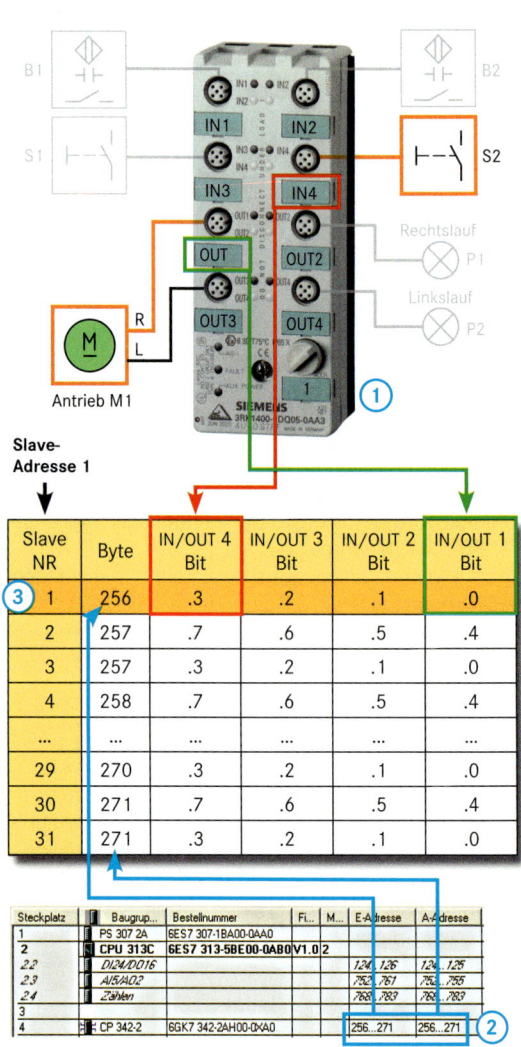

AS-i Modul Eingang	Peripherie-Eingang	Byte-Transfer in OB 1:	Adresse Eingang	
IN 1	256.0		E64.0	
IN 2	256.1		E64.1	
IN 3	256.2		E64.2	
IN 4	256.3	→	E64.3	(5)
IN 5	256.4	**L PEB 256**	E64.4	
IN 6	256.5	**T EB 64**	E64.5	
IN 7	256.6		E64.6	
IN 8	256.7		E64.7	

AS-i Modul Ausgang	Peripherie-Ausgang	Byte-Transfer:	Adresse Ausgang	
OUT 1	256.0		A64.0	(6)
OUT 2	256.1	**L AB 64**	256.1	
...		**T PAB 256**	...	
OUT 7	256.7		256.7	

Slave NR	Byte	IN/OUT 4 Bit	IN/OUT 3 Bit	IN/OUT 2 Bit	IN/OUT 1 Bit
1	256	.3	.2	.1	.0
2	257	.7	.6	.5	.4
3	257	.3	.2	.1	.0
4	258	.7	.6	.5	.4
...	...	...	...	...	...
29	270	.3	.2	.1	.0
30	271	.7	.6	.5	.4
31	271	.3	.2	.1	.0

Steckplatz	Baugrup...	Bestellnummer	Fi...	M...	E-Adresse	A-Adresse
1	PS 307 2A	6ES7 307-1BA00-0AA0				
2	CPU 313C	6ES7 313-5BE00-0AB0	V1.0	2		
2.2	DI24/DO16				124...126	124...126
2.3	AI5/AO2				752...761	752...755
2.4	Zählen				768...783	768...783
3						
4	CP 342-2	6GK7 342-2AH00-0XA0			256...271	256...271

2: Zuordnung der Peripherieadressen des AS-1-Moduls zu den einzelnen Sensoren/Aktoren

Das Steuerprogramm ist in diesem Fall sehr einfach, könnte aber mit weiteren Sensoren und Aktoren des Koppelmoduls erweitert werden. Alle Objekte besitzen in der SPS die Byteadresse 64, die Bitadresse richtet sich nach dem jeweiligen Input/Output am AS-i Koppelmodul.

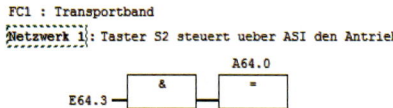

3: Einfaches Steuerprogramm für das Transportband

8.5 PROFI-Bus
(**Pro**cess **Fi**eld Bus)

PROFI-Bus ist ein leistungsfähiger, schneller und robuster Standard für die Feldbus-Kommunikation in der Fertigungs- und Prozessautomatisierung. Über dieses weltweit verbreitete Bussystem können Automatisierungsgeräte, wie SPS, PC, Bedien- und Beobachtungsgeräte oder intelligente Sensoren/Aktoren vernetzt werden. Die Datenübertragung kann **seriell (geschirmte Zweidrahtleitung)** oder **optisch** (Lichtwellenleiter) erfolgen. Den PROFI-Bus gibt es in drei Varianten:

- PROFI-Bus **DP** (**D**ezentrale **P**eripherie)
  - für schnellen, zyklischen Datenaustausch mit Feldgeräten (z. B. Frequenzumrichter, Touchpanels). PROFI-Bus-DP ist die am weitesten verbreitete Variante.
- PROFI-Bus **PA**
  - für Anwendungen der Prozess-Automatisierung im eigensicheren (explosionsgefährdeten) Bereich, z. B. bei Leitsystemen in der Prozess- und Verfahrenstechnik.
- PROFI-Bus **FMS** (**F**ield **M**essage **S**pecification)
  - vorrangig einsetzbar für die Datenkommunikation zwischen Automatisierungsgeräten (SPS, PC) auf der Zellebene und zur Anbindung intelligenter Geräte in der Feldebene.

1: PROFI-Bus Anschlussstecker und Kommunikationsprozessor CP 342-5 (Master-Baugruppe)

PROFI-Bus ist ein **Multi-Master-System** und ermöglicht den gemeinsamen Betrieb von mehreren Automatisierungs- und Visualisierungssystemen an einem Bus.

Man unterscheidet folgende Gerätetypen:

- **Master-Geräte** bestimmen den Datenverkehr auf dem Bus (= aktive Teilnehmer). Ein Master darf Nachrichten ohne externe Aufforderung aussenden, wenn er im Besitz der Buszugriffsberechtigung (Token) ist. Die Masterfunktion kann in der CPU-Baugruppe integriert sein (Abb. 2), oder es wird eine eigene CP-Baugruppe (Abb. 1) gesteckt.
- **Slave-Geräte** sind Peripheriegeräte wie beispielsweise Ein-/Ausgabegeräte, Ventile, Antriebe und Messumformer. Sie erhalten keine Buszugriffsberechtigung, d. h., sie dürfen nur empfangene Nachrichten quittieren oder auf Anfrage eines Masters antworten.

8.6 PROFI-Net

PROFI-Net ist ein Bussystem, das auf Industrial Ethernet (s. Kap. 8.7) basiert und den Standard TCP/IP nutzt. Echtzeitkommunikation der Nutz-/Prozessdaten findet auf derselben Leitung statt. Mit PROFI-Net können Geräte von der Feld- bis in die Leitebene angebunden werden, was eine durchgängige Kommunikation ermöglicht. In der S7-Welt gibt es viele CPU-Baugruppen und Kommunikationsprozessoren, die neben PROFI-Bus- auch PROFI-Net-Schnittstellen haben (Abb. 2).

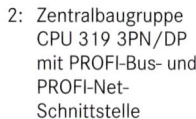

2: Zentralbaugruppe
CPU 319 3PN/DP
mit PROFI-Bus- und
PROFI-Net-
Schnittstelle

3: Kommunikations-
prozessor **CP343-1**
Advanced für
Industrial Ethernet

8.7 Industrial Ethernet

Industrial Ethernet ist ein genormtes Datenübertragungsverfahren, das auf dem weltweit verbreiteten **Ethernet Standard** – der Basistechnologie des Internets – basiert. Ethernet ist sowohl leitungsgebunden (**LAN** = **L**ocal **A**rea **N**etwork) nach IEEE802.3 als auch als **W**ireless-**LAN** nach IEEE 802.11x normiert. Die maximale Übertragungsrate beträgt derzeit 1 000 Mbit/s (1 Gbit). Die Besonderheit bei Industrial Ethernet liegt in der Beschaffenheit der Netzwerkkomponenten, die an industrielle Umgebungsbedingungen angepasst sind. Dazu gehören die Befestigung auf einer 35 mm DIN-Hutschiene, die Versorgung mit Gleichspannung (meist 24 V DC), ein erweiterter Betriebstemperaturbereich, eine erhöhte Schutzart (gegen Staub, Spritzwasser usw.), Rüttelfestigkeit, besondere Abschirmungsmaßnahmen und Vorkehrungen zur Ausfallsicherheit. Industrial Ethernet wird hauptsächlich in der **Leit- und Planungsebene** eingesetzt. Dazu besitzen einige S7-Baugruppen (z. B. CPUs und CPs) entsprechende Schnittstellen, die eine direkte Anbindung der SPS an das Industrial Ethernet ermöglichen (Abb. 3). Im Kommunikationsprozessor **CP343-1 Advanced** sind **IT-Funktionen** integriert. Die Baugruppe beinhaltet einen eigenen **Webserver**, auf dem HTML-Seiten über FTP abgelegt werden können. Somit ist eine direkte Kommunikation im Internet möglich, was z. B. Ferndiagnose und Fernwartung ermöglicht.

9.1 Auswahl und Konfiguration von SPS-Geräten

1 Baugruppenanordnung

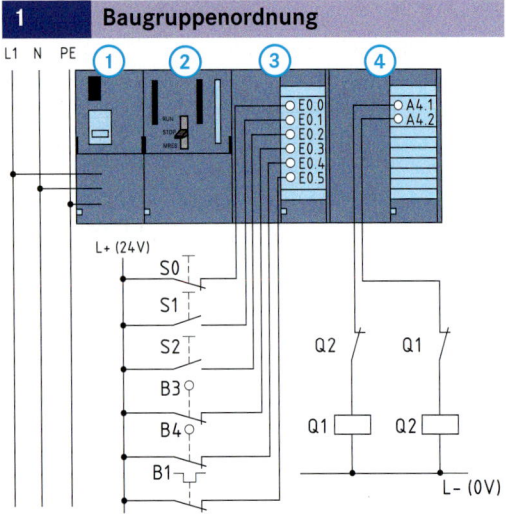

Die Abbildung zeigt das Anschlussschema einer SPS zur Steuerung eines Rolltores. Der Antriebsmotor wird über eine Drehrichtungsumkehrsteuerung (frühere Bez. Wendeschützschaltung) geschaltet.

a) Erklären Sie die Funktion einer Steuerung zur Drehrichtungsumkehr.

b) Benennen Sie die verwendeten SPS-Baugruppen ① bis ④. Erläutern Sie dabei die jeweiligen Anschlüsse der Baugruppen.

c) Welche Aufgabe haben die Öffnerkontakte Q1 und Q2?

d) Welche Aufgabe haben die Öffnerkontakte B3 und B4?

e) Welche Auslösefunktion hat Geber B1 und wo könnte er montiert sein?

f) Erläutern Sie den Begriff „Drahtbruchsicherheit" im Zusammenhang mit den oben verwendeten Gebern.

2 Spannungsversorgung

Informieren Sie sich unter folgendem Link über die S7 Spannungsversorgungsbaugruppen:
https://mall.automation.siemens.com/DE/guest/

Rufen Sie dort die Auswahl **„Produkte"** auf und wählen Sie anschließend im Produktkatalog die SIMATIC S7-Gerätereihe an. (Abb. 1)

1: Auszug aus dem Online-Katalog

a) Geben Sie folgende Werte der drei S7-Netzteile (Bezeichnung im Katalog: Stromversorgungen) an:
- Eingangsspannung
- Ausgangsspannung inkl. Toleranz
- Nenn-Ausgangsstrom
- Schutzklasse
- Schutzart
- Kurzschlussschutz

b) Ist laut den technischen Daten im Katalog eine Parallelschaltung zur Leistungserhöhung zulässig?

3 Zentralbaugruppe

a) Informieren Sie sich anhand des Online-Katalogs (s. Aufgabe 2) über folgende Eigenschaften der CPU-Baugruppe CPU 314 C-2DP:
- Umfang des Arbeits- und Ladespeichers
- maximaler Ausbau (anreihbare Baugruppen)
- Bus-Schnittstellen
- integrierte Ein- und Ausgänge (digital u. analog)
- Stromaufnahme im Leerlauf; Anzahl der integrierten S7-Timer und Zähler

b) Erklären Sie die Funktion des Ladespeichers in der Zentralbaugruppe. Welche Art von Speicher wird verwendet?

c) Welche Kriterien sind bei der Auswahl einer Zentralbaugruppe im Hinblick auf die Steuerungsaufgabe zu beachten?

4 Digital-Eingangsbaugruppen

a) Nennen Sie die verschiedenen Eingangsspannungen (Steuerspannungen), für die Eingabebaugruppen SM321 erhältlich sind. Informieren Sie sich dazu in diesem Buch oder im Online-Katalog (s. Aufgabe 2).

b) Wie viele Digitaleingänge können SM321 Baugruppen haben? Nennen Sie versch. Beispiele.

5 Digital-Ausgabebaugruppen

a) Nennen Sie die verschiedenen Ausgangsspannungen der Ausgabebaugruppen SM322. Informieren Sie sich dazu in diesem Buch oder im Online-Katalog (s. Aufgabe 2).

b) Wie viele Digitalausgänge können SM322 Baugruppen haben? Nennen Sie versch. Beispiele.

6 Buskommunikation

a) Welcher Kommunikationsprozessor wird als AS-i Masterbaugruppe verwendet? (Bezeichnung: CP...)

b) Nennen Sie CPU-Baugruppen, die über eine integrierte PROFI-Bus-Schnittstelle verfügen. Finden Sie CPU-Baugruppen, die einen PROFI-Net Anschluss besitzen.

c) Über welchen Kommunikationsprozessor kann eine SPS an den PROFI-Bus angeschlossen werden?

d) Erklären Sie den physikalischen Aufbau der Datenleitungen von PROFI- und AS-i-Bus.

9.2 Binäre Grundverknüpfungen

1 **Programmanalyse**

Eine SPS bearbeitet das in KOP dargestellte Programm. Übernehmen Sie die unten dargestellte Tabelle und geben Sie für alle möglichen Schalterpositionen den Zustand der Meldelampen an.

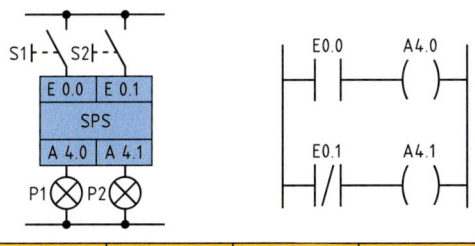

S1	S2	P1	P2
offen	offen		
offen	geschlossen		
geschlossen	offen		
geschlossen	geschlossen		

2 **Pressensteuerung Handbetrieb**

Der Stempel einer hydraulischen Presse wird im Tippbetrieb folgendermaßen gesteuert:
Die Abwärtsfahrt (Q1) wird aktiviert, wenn
- Hauptschalter S1 eingeschaltet ist und
- beide Handtaster S2 und S3 gleichzeitig und dauerhaft betätigt sind. (Tippbetrieb)

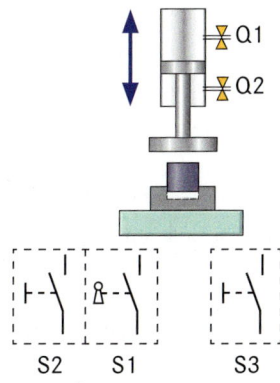

a) Erstellen Sie eine Zuordnungsliste. Verwenden Sie dazu Eingänge von EB 0 und Ausgänge von AB 4.
b) Erstellen Sie das Programm für die Abwärtsfahrt in KOP, FUP und AWL.

Das Programm wird nun um die Aufwärtsfahrt (Q2) erweitert:
- wenn Hauptschalter S1 eingeschaltet ist und
- mindestens einer der beiden Handtaster S2 oder S3 losgelassen wird, löst Q2 die Aufwärtsfahrt aus.

c) Erstellen Sie das Programm für die Aufwärtsfahrt in KOP, FUP und AWL.

3 **Pressensteuerung Teilautomatik**

Die hydraulische Presse aus Aufgabe 2 wird um folgende Objekte ergänzt:
- Grenztaster B5 und B6, die den Stempel in der unteren bzw. oberen Position stoppen
- Meldekontakt des Not-Aus-Tasters S4

(Anmerkung: zusätzlich existieren aus Sicherheitsgründen ein Hardware-Not-Aus und eine Schutztüre, die jedoch im folgenden Programm nicht berücksichtigt werden.)

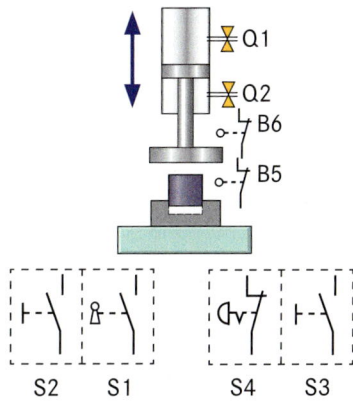

a) Erweitern Sie die Zuordnungsliste aus Aufgabe 2 um die neu hinzugekommenen Geber.
b) Erstellen Sie das Programm für die **Abwärtsfahrt** in KOP und FUP nach folgenden Vorgaben:
 – eine Abwärtsfahrt findet statt, solange beide Handbedientaster S2 und S3 betätigt sind und solange der Grenztaster B5 unbetätigt, also geschlossen ist.
 – Hauptschalter S1 und Not-Aus-Schalter S4 müssen geschlossen sein, ansonsten stoppt die Bewegung.

! Beachten Sie, dass ein Fahren nur so lange möglich sein soll, wie die Hand-Taster betätigt werden. Man nennt dies **Tipp-Betrieb**, es findet **keine Speicherung** des Bewegungszustandes statt!

c) Erstellen Sie das Programm für die **Aufwärtsfahrt** in KOP und FUP nach folgenden Vorgaben:
 – Wenn mindestens einer der beiden Handtaster S2 oder S3 losgelassen wird, löst Q2 die Aufwärtsbewegung aus.
 – Der Grenztaster B6 muss unbetätigt, also geschlossen sein, sonst stoppt die Aufwärtsfahrt.
 – Hauptschalter S1 und Not-Aus-Schalter S4 müssen geschlossen sein, ansonsten stoppt die Bewegung.

d) Erläutern Sie, weshalb aus Gründen der Drahtbruchsicherheit manche Objekte als Schließer, andere jedoch als Öffner ausgeführt sein müssen.

4   Temperaturüberwachung

Die unten dargestellten Schaltungen überwachen die Temperaturen in einer Kühlkammer. Jede SPS soll die Hupe P1 einschalten, wenn Geber B1 nicht betätigt und Geber B2 betätigt ist.

a) Erstellen Sie für jede der beiden Steuerungen das Programm in FUP, KOP und AWL.

b) Vergleichen Sie das Verhalten beider Schaltungen bei Drahtbruch an B2.

c) Verändern Sie die Programme folgendermaßen: Die Hupe P1 soll einschalten, wenn mindestens einer der beiden Geber betätigt wird.

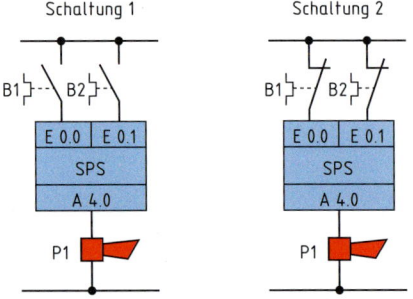

5   Brennofen-Türsteuerung

Die Tür eines Ziegeleiofens wird mit Hilfe eines hydraulischen Zylinders bewegt.

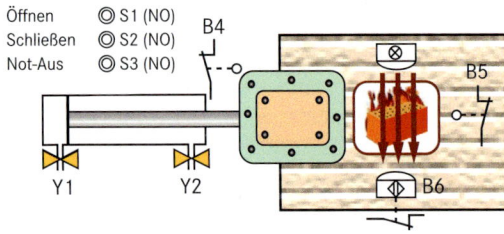

Steuerungsablauf:

- Taster S1 löst das Öffnen aus, in der Endlage schaltet B4 ab.
- Taster S2 bewirkt das Schließen, in der Endlage schaltet B5 ab.
- Die Türbewegung wird durch den Not-Aus-Schlagtaster S3 (Öffner, NC) unterbrochen.
- Die Schließbewegung muss sofort gestoppt werden, wenn Lichtschranke B6 betätigt (d. h. unterbrochen) wird. B6 hat einen NPN-Ausgang, d. h., er schaltet bei Unterbrechung auf 0 (Öffner, NC).
- Die Ventile Y1 und Y2 müssen gegenseitig verriegelt werden.

a) Erstellen Sie eine Zuordnungsliste. Verwenden Sie dazu Eingänge von EB 0 und Ausgänge von AB 4.

b) Erstellen Sie das Steuerprogramm für den Tipp-Betrieb in KOP- und FUP-Darstellung. Tipp-Betrieb bedeutet, dass die Taster S1 oder S2 während der Türbewegung betätigt werden müssen. Der Meldekontakt des Not-Aus-Tasters S3 (NC) wird im Programm abgefragt, obwohl

aus Sicherheitsgründen Not-Aus auch über eine zusätzliche Hardwareschaltung realisiert wird.

c) Erweitern Sie das Programm auf Halbautomatikbetrieb mit **Selbsthaltung**. Dies bedeutet, dass ein kurzes Betätigen von S1 oder S2 ausreicht, um die Türbewegung einzuschalten. Verwenden Sie keine RS-Speicherglieder, sondern realisieren Sie die Programmfunktion mit Grundverknüpfungen (UND, ODER). Ansonsten gelten die gleichen Vorgaben wie in Aufgabenteil b).

6   Müllverladestation

Die Anförderung zu einer Müllverladestation soll folgendermaßen gesteuert werden:

- Es darf immer nur **eines** der drei Förderbänder (Q1, Q2, Q3) eingeschaltet sein, damit die Zerkleinerungsanlage nicht überlastet wird.
- Die Bänder werden mit den Tastern S1 – S3 eingeschaltet, Aus-Taster S0 (NC) schaltet den Betrieb aller Förderbänder ab.
- Die Meldelampen P1, P2, P3 zeigen an, welches der drei Motorschütze (Q1, Q2, Q3) gerade eingeschaltet ist.

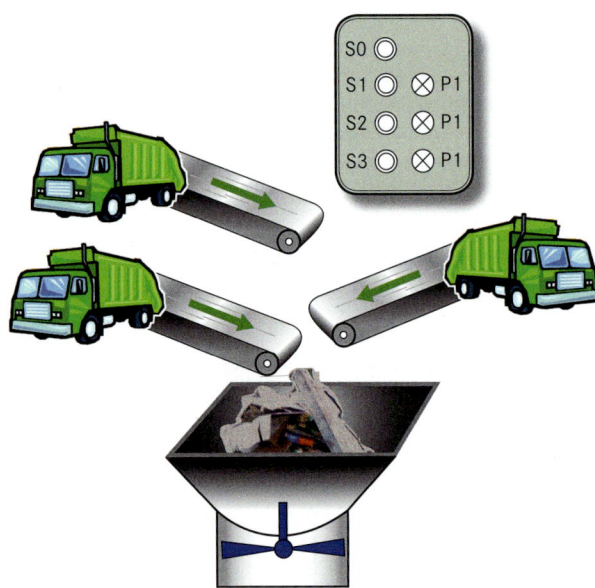

a) Erstellen Sie eine Zuordnungsliste. Verwenden Sie dazu Eingänge von EB 124 und Ausgänge von AB 124.

b) Erstellen Sie das Steuerprogramm für den Tipp-Betrieb in KOP- und FUP-Darstellung.
Tipp-Betrieb bedeutet, dass der Taster zur Ansteuerung des jeweiligen Bandes so lange betätigt bleibt, wie das Band läuft. Verriegeln Sie die Eingänge der Taster gegenseitig, so dass nur jeweils ein Band laufen kann.

c) Erweitern Sie das Programm auf Selbsthaltebetrieb, verwenden Sie nur Grundverknüpfungen (UND, ODER). Verriegeln Sie die drei Ausgänge gegeneinander.

9.3 Merker und Speicherbefehle

1 Selbsthalteschaltung Variante 1

Der Schaltplan zeigt die Selbsthalteschaltung eines Schützes. Die Selbsthaltefunktion soll nun mit Hilfe einer SPS realisiert werden.

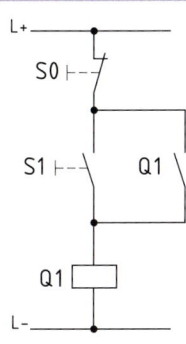

a) Erklären Sie die grundsätzliche Funktion der Schaltung und das Verhalten bei gleichzeitiger Betätigung von S0 und S1.

b) Erstellen Sie eine Zuordnungsliste für EB0 und AB4.

c) Entwickeln Sie das funktionsgleiche SPS-Programm in KOP, FUP und AWL. Überlegen Sie, welche Art von Speicherglied zu verwenden ist.

2 Selbsthalteschaltung Variante 2

Der Schaltplan zeigt eine andere Möglichkeit der Selbsthalteschaltung eines Schützes. Auch diese Selbsthaltefunktion soll mit Hilfe einer SPS realisiert werden.

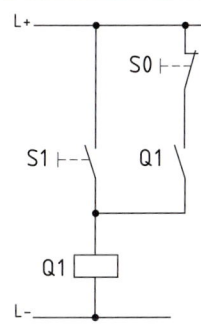

a) Erklären Sie die grundsätzliche Funktion dieser Schaltung und vergleichen Sie dieses mit der Schaltung aus Aufgabe 1.

b) Entwickeln Sie das funktionsgleiche SPS-Programm in KOP, FUP und AWL. Verwenden Sie die Zuordnungsliste aus Aufgabe 1. Überlegen Sie, welche Art von Speicherglied jetzt zu verwenden ist.

3 Torsteuerung

Ein elektrisch angetriebenes Tor wird durch den Taster S1 geöffnet, Taster S2 schließt das Tor. Die Endschalter B3 und B4 melden, ob das Tor geöffnet oder geschlossen ist. Der Antriebsmotor wird durch ein Motorschutzrelais B1 geschützt. Über Taster S0 wird die Bewegung des Tores gestoppt. Ein Richtungswechsel während der Torbewegung ist nur möglich, wenn zuvor Taster S0 betätigt worden ist. Eine direkte Umschaltung über S1 bzw. S2 ist nicht zulässig.

a) Erstellen Sie eine Zuordnungsliste entsprechend dem nachfolgend abgebildeten Anschlussschema.

b) Begründen Sie, weshalb ein Teil der Geber Schließer (NO) und die anderen Öffner (NC) sind.

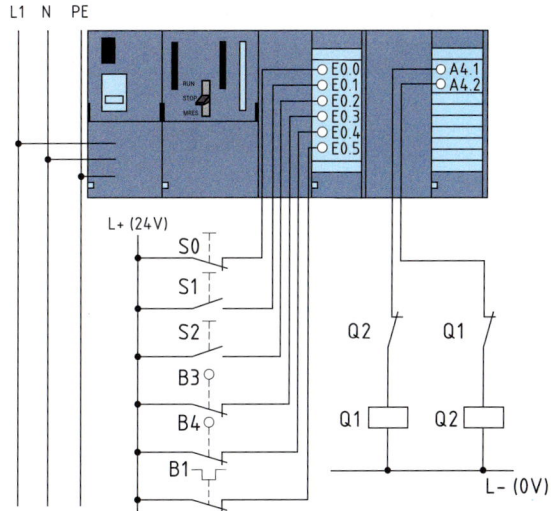

c) Entwerfen Sie das Steuerprogramm als FUP.
   - Verwenden Sie dazu Speicherglieder.
   - Achten Sie darauf, dass ein Abschalten der Anlage jederzeit möglich sein muss.

d) Verriegeln Sie die beiden Ausgänge der Motorschütze softwaremäßig. Weshalb wird die Hardware-Verriegelung der Schütze trotzdem vorgenommen? (s. Anschlussschema)

4 Ersetzen einer Schützschaltung

Die nachfolgende Schützschaltung soll durch eine funktionsgleiche SPS-Steuerung ersetzt werden.

a) Beschreiben Sie die Funktion der Schaltung.

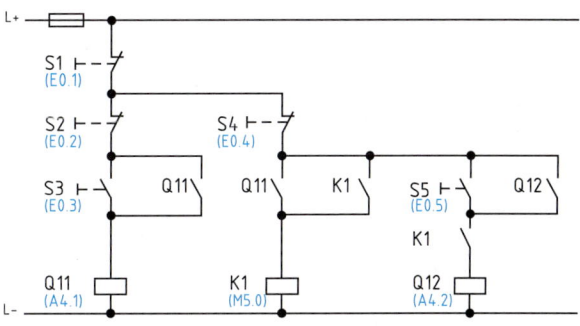

b) Weshalb kann Schütz K1 bei der SPS-Lösung durch einen Merker ersetzt werden, nicht jedoch die Schütze Q11 und Q12?

c) Erstellen Sie das Steuerprogramm in KOP-Darstellung ohne Speicherglieder.

d) Erstellen Sie das Steuerprogramm in FUP- und KOP-Darstellung mit Speichergliedern.

e) Begründen Sie, welche Art des Vorranges Sie bei den Speichergliedern in Aufgabenteil d) verwenden.

9.4 Zeitfunktionen (Timer)

1   **Timeranschlüsse**

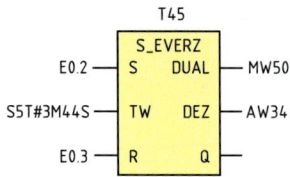

a) Erklären Sie die Funktion der einzelnen Ein- und Ausgänge der oben dargestellten Zeitzelle.

b) Erklären Sie das Verhalten des Ausgangs Q, wenn E0.2 für 3 Sekunden ein 1-Signal erhält.

c) Erklären Sie das Verhalten des Ausgangs Q, wenn E0.2 für 5 Minuten ein 1-Signal erhält.

d) Skizzieren Sie, wie eine dreistellige BCD-Anzeige an das Ausgangswort 34 anzuschließen ist.

2   **Zeitwertvorgabe**

Der Timerwert (= Laufzeit) kann im Programm auf zwei verschiedene Arten vorgegeben werden:

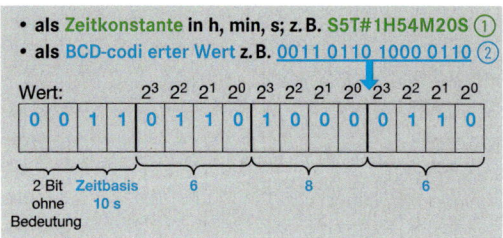

Beide Angaben bewirken am Timer die gleiche Laufzeit:

①   ②

1 h + 54 min + 20 s = 6860 s   686 x 10 s = 6860 s

Bei BCD-codierten Zeitangaben ist die Zeitbasis folgendermaßen codiert:

Code	Zeitbasis
00	10 ms
01	0,1 s
10	1 s
11	10 s

a) Geben Sie den größtmöglichen Zeitwert in s an, den man im BCD-Format an Timern vorgeben kann. Die größtmögliche Zeitbasis ist 10 s.

b) Welcher Zeit in h, min, s entspricht der BCD-Zeitwert aus a)?

c) Geben Sie folgende Zeitwerte in BCD-codierter Form an:
654 s (Zeitbasis 1 s); 2 h 30 m 20 s (Zeitbasis 10 s); 1 min 21 s (Zeitbasis 100 ms); 8 s 90 ms (Zeitbasis 10 ms)

d) Wandeln Sie folgende BCD-codierte Zeitwerte in das herkömmliche Zeitformat (h, min, s) um.
• 0011 0111 1001 0110 • 0000 1001 0101 0011
• 0001 0010 0001 0011 • 0010 0100 0101 1000

3   **Nachlaufzeit einer Rolltreppe**

Die Rolltreppe einer U-Bahnstation wird aus Energiespargründen automatisch ein- und ausgeschaltet:

– Das Einschalten erfolgt über Lichtschranke B1.

– Die Rolltreppe läuft nach jedem 0-1 Wechsel an B1 für eine Zeitspanne von 30 Sekunden.

– Erfolgt während der Laufzeit eine erneute Unterbrechung von B1, so startet die Laufzeit von 30 s erneut.

– Die beiden Not-Aus-Schlagtaster S0 und S1 haben unter anderem die Aufgabe, die Laufzeit auf 0 zurückzusetzen.

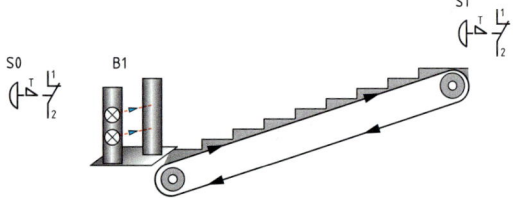

a) Wählen Sie einen Timer aus, der über einen kurzen Impuls gestartet wird und der dann auch ohne anliegendes Signal weiterläuft.

b) Schreiben Sie das Steuerprogramm entsprechend den oben beschriebenen Vorgaben in KOP und FUP.

4   **Werbeleuchten**

Eine Fahrschule wünscht eine auffällige Leuchtwerbung.

– Helligkeitssensor B2 schaltet bei Dunkelheit die Beleuchtung automatisch ein, wenn Hauptschalter S1 geschlossen ist.

– Schließt der Kontakt B2, so wird nach 3 Sekunden Q1 eingeschaltet und der Schriftzug „Fahrschule" leuchtet auf.

– Zwei Sekunden später wird Q2 eingeschaltet und der Schriftzug „Easy-Drive" leuchtet zusätzlich auf.

– Nach weiteren drei Sekunden werden die Schütze beider Leuchten ausgeschaltet und der Vorgang beginnt erneut von vorne.

– Wird Hauptschalter S1 oder Sensor B2 geöffnet, werden die beiden Schütze sofort ausgeschaltet und die Timer zurückgesetzt. Erstellen Sie den KOP der Steuerung.

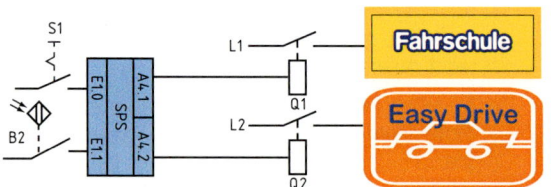

5	Anfahrwarnung

Es soll ein SPS-Programm zur Steuerung eines Verteilwagens erstellt werden.

Es gelten folgende Vorgaben:
- Der Antrieb wird über die Motorschütze Q1 (links) und Q2 (rechts) angetrieben.
- Der Wagen hält im Normalfall in den beiden Endpositionen bei B1 oder B2.
- Die Bedientaster S1 und S2 lösen die Linksfahrt bzw. Rechtsfahrt aus.
  Not-Aus-Taster S0 schaltet die Motorschütze ab, (betrifft das Steuerprogramm nicht) und teilt der SPS über einen Meldekontakt mit, dass Not-Aus betätigt wurde. Dies setzt alle Fahr- und Zeitfunktionen zurück. Nach Entriegeln des Not-Aus ist ein Neustart erforderlich.
- Bevor das Fahrzeug losfährt, ertönt ein 3 Sekunden langes Warnsignal an Hupe P3.
- Während der Fahrt leuchtet Warnlampe P4.

a) Erstellen Sie eine Zuordnungsliste der Ein- und Ausgangsobjekte.
b) Erstellen Sie ein Programm in FUP, das in vier verschiedene Netzwerke gegliedert ist.

6	Heißpressmaschine

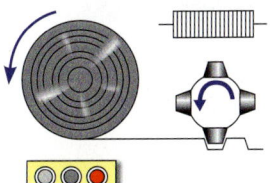

Kenn-zeichen	Ein-/Ausgang	Erklärung
S1	E0.1	Ein
S2	E0.2	Aus
S0	E0.3	Not-Aus
Q1	A4.1	Heizung
Q2	A4.2	Rotation

Eine Heißpressmaschine stellt aus abrollbaren Folien durch Tiefziehen (deep drawing) so genannte Blistertape-Verpackungen her.

Erstellen Sie mit Hilfe der obigen Zuordnungsliste folgende Steuerprogramme:

a) Start mit Taster S1 bewirkt eine Aufheizzeit von 90 Sekunden, dann startet die Rotation automatisch.
b) Erweiterung: Eine zusätzliche Lampe P3 zeigt das Ende der Aufheizzeit an. Danach kann durch erneutes Betätigen von S1 die Rotation gestartet werden.

7	Fußgängerampel

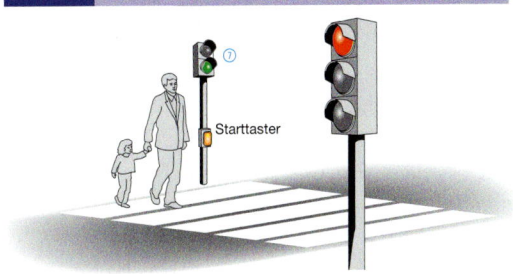

Es soll ein SPS-Programm zur Steuerung der Ampelanlage an einem Fußgängerüberweg nach folgendem Zeitablaufschema erstellt werden.

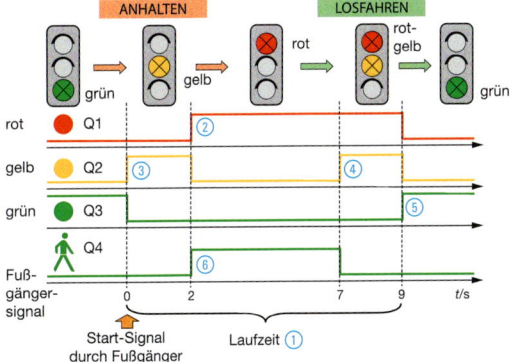

Entwerfen Sie das Programm mit folgender Struktur:
- **NW1**: Mit dem Start-Taster (Anforderungssignal) wird Timer T1 für eine „Laufzeit" ① von 9 s gestartet. Timer T1 ermöglicht, zusammen mit anderen Bedingungen, das Umschalten der Pkw-Ampel auf Gelb und Rot.
- **NW2**: Das Rot-Signal ② der Pkw-Ampel wird 2 s nach der Anforderung über Timer T2 eingeschaltet. T1 muss dabei noch 1-Signal haben. Das Abschalten von T1 setzt T2 zurück.
- **NW3**: Timer T3 für Gelbphase 1 ③ wird durch den Start-Taster für 2 s aktiviert. Sein Zustand wird in einem Merker gespeichert.
- **NW4**: Der Timer T4 für Gelbphase 2 ④ wird 7 s nach der Anforderung eingeschaltet. Dabei muss Laufzeittimer T1 noch 1-Signal haben. Wenn T1 auf 0 wechselt, setzt er T4 zurück. Das Ausgangssignal wird in einem Merker gespeichert.
- **NW5**: Die beiden „Gelb-Merker" (s. NW3 u. NW4) steuern den Ausgang für das Gelblicht an.
- **NW6**: Das Grünlicht für Pkw ⑤ ist immer dann eingeschaltet, wenn weder Rot- noch Gelblicht leuchten.
- **NW7**: Das Fußgänger-Grünsignal ⑥ ist an, wenn die Pkw-Ampel rot, nicht grün und nicht gelb ist.
- **NW8**: Zur Steuerung des Fußgänger-Stopp-Signals ⑦ wird das Grünsignal der Fußgängerampel invertiert.

9.5   Zähler

1   Darstellungsarten von Zählern

Häufig reicht ein einziger Programmbefehl aus, um mit einem Zähler vorwärts bzw. rückwärts zu zählen.

Vorwärts-Zählen:

Im folgenden Programm erhöht sich der Zählerstand mit jeder positiven Flanke (0 → 1-Wechsel) um den Wert 1. **ZV** bedeutet **Z**ähle **V**orwärts.

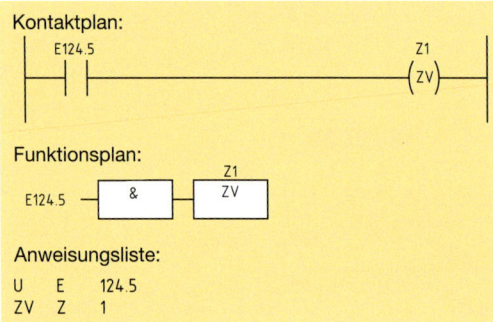

Kontaktplan:

Funktionsplan:

Anweisungsliste:

```
U    E    124.5
ZV   Z    1
```

Erstellen Sie das Programm für das Rückwärtszählen (**ZR**) des Zählers Z2 in allen drei Darstellungsarten. Die Zählimpulse sollen über Eingang E 124.6 gegeben werden.

2   Vorwärts zählen

An einer Folien-Verpackungsmaschine soll die Anzahl der Umdrehungen mit Geber B1 erfasst werden.

– Reset-Taster S2 setzt den Zählerstand auf 0.
– Der Zählerstand 0 soll mit einem Melder P1 an Ausgang A4.1 angezeigt werden.
– Der Zählerstand des Zählers erhöht sich mit jeder positiven Flanke an Eingang ZV (0 → 1 Wechsel).
– Bei Zählerständen > 0 schaltet der Ausgang Q auf den Zustand 1.

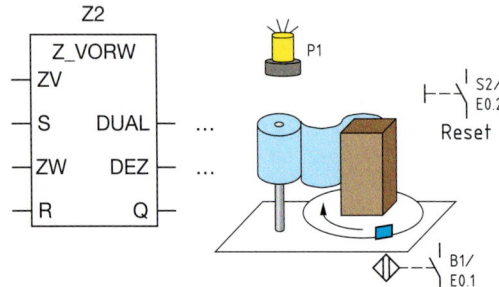

a) Beschalten Sie die Eingänge des Zähler Z2 so, dass der Zähler die Anzahl der Umdrehungen erfasst.
b) Beschalten Sie den Zählerausgang so, dass Ausgang Q den Melder P1 bei Zählerstand 0 einschaltet.
   Verwenden Sie die Darstellungsarten KOP und FUP.

3   Rückwärts zählen

Die Funktion der Folien-Verpackungsmaschine (Aufgabe 2) soll nur durch Umprogrammierung verbessert werden.

Programmablauf:

• Mit dem Starttaster S2 wird die Anzahl der Folienwicklungen (5 Umdrehungen) in Zähler Z2 gespeichert.
• Sensor B1 verringert den Zählerstand pro Umdrehung um den Wert 1.
• Der Ausgang Q des Zählers steuert Melder P1 und Motorschütz Q2 der Drehscheibe.
• Nach 5 Umdrehungen stoppt die Drehscheibe und Melder P1 erlischt.

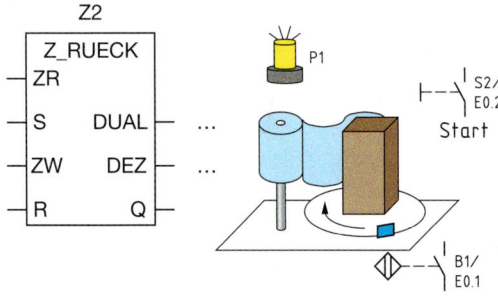

a) Beschalten Sie die Eingänge des Zähler Z2 so, dass der Zähler mit S2 auf den Startwert 5 geladen werden kann. Signale an B1 verringern den Zählerstand.
b) Beschalten Sie den Zählerausgang so, dass der Melder P1 (A 4.1) und das Motorschütz Q2 (A 4.2) beim Drücken von S2 für 5 Umdrehungen eingeschaltet werden. Verwenden Sie als Darstellungsarten KOP und FUP.

4   Vorwärts und rückwärts zählen

Die Zuführung zum Warenlager besteht aus einer Abwurfrutsche und einem Förderband.

Steuerungsablauf:

• Sensor B2 erhöht den Zählerstand in Z3 bei jedem abgeworfenen Paket.
• Sensor B3 verringert den Zählerstand mit jedem abgeförderten Paket.
• Melder P2 meldet Zählerstand 0 = „Band leer".

Erstellen Sie das Steuerprogramm in KOP und FUP.

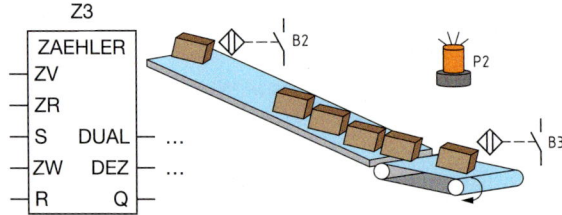

5	**Zählerstände codiert darstellen**

Zählerstände können in STEP 7 in zwei Formaten ausgegeben werden:

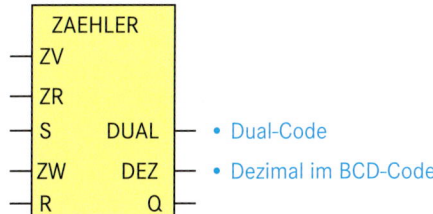

Beispiel: Der Zählerwert 686 wird folgendermaßen dargestellt:

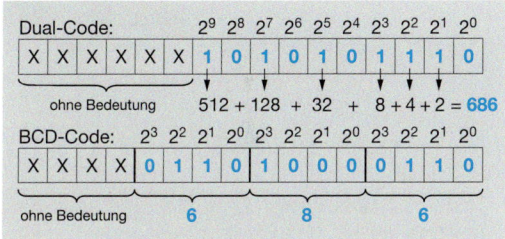

Geben Sie folgende Zählerstände im Dualcode und im BCD-Code an:

a) 12   b) 199   c) 255   d) 256   e) 690   f) 722
g) 999 (Maximalwert des Zählers)

6	**Umcodieren von Zählerwerten**

In STEP 7 gibt es spezielle Befehle, die das Format von Zählerständen und anderen Zahlenangaben umwandeln.

- **BTI** = **B**inär **T**o **I**nteger (16 bit lang)
- **ITB** = **I**nteger **T**o **B**inär (16 bit lang)

Dabei wird die 16 Bit große Information in AKKU 1 in das jeweils andere Format umgewandelt.

Beispiel: Der Zählerwert 647 wird folgendermaßen dargestellt:

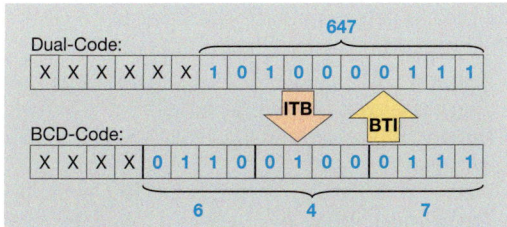

a) Wandeln Sie folgende BCD-Zahlen nach obigem Schema in 16 bit lange Dualzahlen um:
   1001 0000 1000,   0111 0101 0011,
   1000 1001 1001,   0001 0111 1000

b) Wandeln Sie folgende Dualzahlen nach obigem Schema in BCD-Zahlen um:
   1100110011,   0010101010,   1111000011,
   0001110001,   1011011101,   0001100111

7	**Magazin-Füllstand überwachen**

Erstellen Sie ein Programm nach folgenden Vorgaben:

Im Teilemagazin wird der Füllstand überwacht. Dabei hat Zähler Z1 im SPS-Programm folgende zwei Aufgaben:

- Alarmsignal bei leerem Magazin (Zählerstand = 0)
- Ausgabe des Zählerwerts (Füllstand) auf der BCD-Digitalanzeige P2

Die Anzeige P2 zeigt die Teilezahl im Magazin an. Sie wird an das Ausgangswort 4 (AB4 und AB5, s. Bild) angeschlossen. Der Zählerstand soll an diesen Ausgängen im BCD-Format vorliegen.

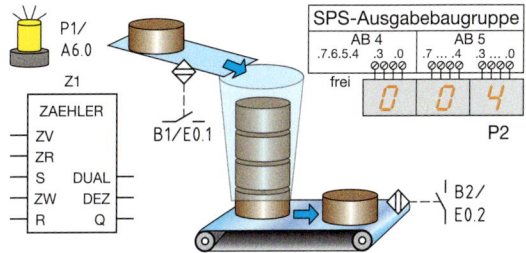

a) Beschalten Sie den Zähler so, dass er bei Betätigung von B1 vom Wert 0 aus hochzählt.
b) Sensor B2 verringert den Zählerwert.
c) Melder P1 gibt bei Zählerstand 0 Alarm.

8	**Zähler mit Anfangswert laden**

Eine Verpackungsmaschine füllt Teile in Versandbehälter. Die Teilezahl kann bei jedem Auftrag unterschiedlich sein. Deshalb wird sie mit der BCD-Schaltergruppe S1 eingestellt. Je Ziffer wird eine 4-Bit-Information an die Eingabebaugruppe der SPS gegeben. Nach Festlegen der Teilezahl quittiert der Bediener den Auftrag mit S2, wodurch das Förderband startet. Sensor B1 liefert bei jedem Teil ein Signal an den Zähler des Programms. Die aktuelle Anzahl der verpackten Teile wird von Anzeige P1 angezeigt. Sie verarbeitet BCD-codierte Dezimalzahlen (4 Bit pro Ziffer). Ist die festgelegte Anzahl erreicht, schaltet das Transportband ab.

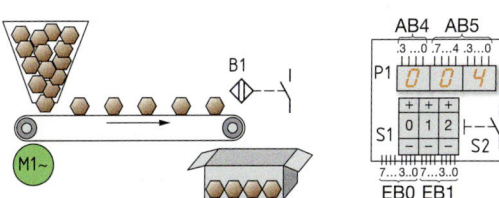

a) Legen Sie für die Sensoren, Schalter und Anzeigeobjekte sowie für das Motorschütz Adresswerte fest. (Vorschlag s. Bild)
b) Beschalten Sie dann den Zähler Z2 so, dass er von der voreingestellten Zahl aus rückwärts zählt.
c) Der Zähler soll an seinen Ausgängen die Anzeige P1 und das Motorschütz ansteuern.

9.6　Vergleiche

1　Einfache Vergleiche

Der Vorwärts-Rückwärtszähler Z4 soll mit einem vorgegebenen Wert verglichen werden. Vergleiche dienen z. B. der Überwachung von Produktionszahlen, Positionen, Zeitabläufen usw.

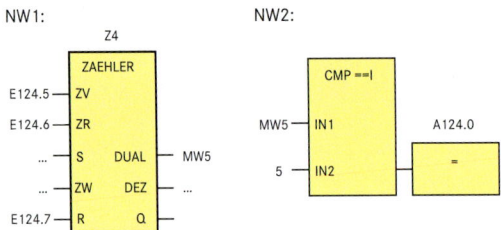

NW1:　　　　　　　　　　　　NW2:

a) Erläutern Sie die Aufgabe des Merkerwortes MW5 in den beiden Netzwerken NW1 und NW2.
b) Geben Sie alle 16 Stellen von Merkerwort MW5 im Dualcode an, wenn der Zählerstand 5 beträgt.
c) Erweitern Sie das Programm um weitere Netzwerke, in denen die verschiedenen Vergleiche vorgenommen werden:

Netzwerk:	Vergleich:		Ausgang:
NW 3	ungleich	<>I	A 124.1
NW 4	größer gleich	>=I	A 124.2
NW 5	größer	>I	A 124.3
NW 6	kleiner gleich	<=I	A 124.4
NW 7	kleiner	<I	A 124.5

2　Wartungsintervalle feststellen

An einer hydraulischen Presse sind nach einer bestimmten Anzahl von Pressvorgängen Wartungsarbeiten durchzuführen:

- Die Anzahl der Pressbewegungen wird über Sensor B1 und Zähler Z5 festgestellt.
- Das Wartungssignal soll über einen Vergleich mit   einem Vorgabewert gebildet werden.

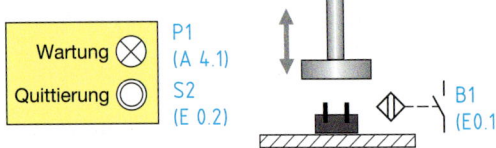

Erstellen Sie das Steuerprogramm nach folgenden Vorgaben:

a) Sensor B1 erhöht den Zählerstand von Z5 bei jedem Pressvorgang.
b) Zu Testzwecken soll bereits nach 10 Pressvorgängen der Melder P1 leuchten. Diese Reaktion soll über einen Vergleich erfolgen.
c) Taster S2 quittiert die Wartungsmeldung und setzt den Zähler wieder auf den Wert 0 zurück.

3　Windungszahlen einstellen

An einer Wickelmaschine werden Elektrospulen mit fester Windungszahl gefertigt. Die Windungszahl wird mit Sensor B2 erfasst und in Zähler Z6 gespeichert. Für einen störungsfreien Ablauf muss die Motordrehzahl zu Beginn und gegen Ende des Wickelvorganges verringert werden.

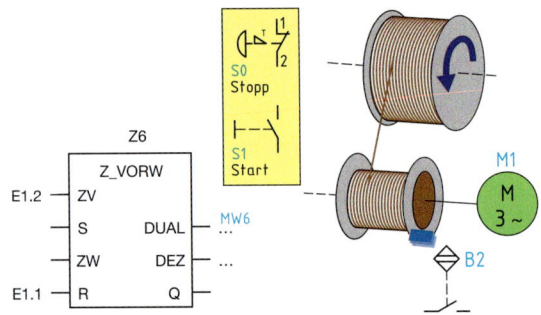

Erstellen Sie das Programm zur Steuerung des Wickelvorganges in KOP- und FUP-Darstellung:

- Taster S1 setzt Zähler Z6 zurück und setzt den Startmerker M1.0 (= Wickeln beginnen).
- Sensor B2 erhöht den Wert von Zähler Z6 mit jeder Umdrehung. Der Zählerwert wird als Dualcode im Merkerwort MW 6 abgelegt.
- Bei weniger als 10 Wicklungen hat Merker M 1.1 1-Zustand, er schaltet am Motor die niedrige Drehzahl (Q1/A4.1) ein. (Vergleiche verwenden)
- Bei den Windungszahlen 10–40 hat Merker M1.2 1-Zustand, er schaltet den Motor auf hohe Drehzahl (Q2/A4.2) um.
- Bei Windungszahlen von 41 bis 50 schaltet Merker M1.3 auf niedrige Drehzahl (Q1) zurück.
- Bei Erreichen der Windungszahl 50 setzt Merker M1.4 den Startmerker M 1.0 zurück. Dieser Merker schaltet den Motor ab. Das Abschalten kann auch durch Stopptaster S0 erfolgen.

4　Timer vergleichen/Anfahrwarnung

Zur Steuerung einer Industrie-Rührmaschine ist ein Programm (KOP) mit folgendem Ablauf zu erstellen:

- Taster S1 schaltet die Heizung dauerhaft ein.
- Die Vorheizzeit bis zum Einschalten des Motors beträgt 100 s. Sie wird mit Timer T1 (S_SEVERZ) gemessen.
- Nach 90 Sekunden Vorheizzeit ertönt eine Anfahrwarnung (Hupe P1). Dazu wird die Zahl 90 mit dem DUAL-Ausgang von Timer T1 verglichen.
- Nach 10 s Anfahrwarnung verstummt die Hupe und der Motor läuft dauerhaft los.
- Stopp-Taster S0 schaltet Motor und Heizung aus.

 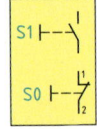

9.7   Inbetriebnahme und Kundenübergabe

Bei der Inbetriebnahme einer SPS-gesteuerten Anlage empfiehlt sich folgende Vorgehensweise:

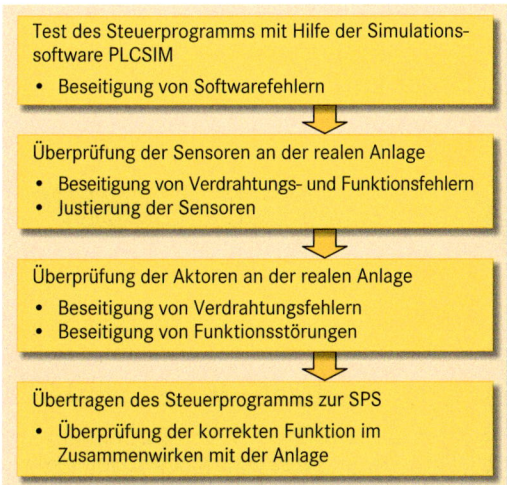

Test des Steuerprogramms mit Hilfe der Simulationssoftware PLCSIM
- Beseitigung von Softwarefehlern

Überprüfung der Sensoren an der realen Anlage
- Beseitigung von Verdrahtungs- und Funktionsfehlern
- Justierung der Sensoren

Überprüfung der Aktoren an der realen Anlage
- Beseitigung von Verdrahtungsfehlern
- Beseitigung von Funktionsstörungen

Übertragen des Steuerprogramms zur SPS
- Überprüfung der korrekten Funktion im Zusammenwirken mit der Anlage

Folgendes Warentransportband ist Teil einer umfangreichen Förderanlage. Es soll nach der Montage in Betrieb genommen werden.

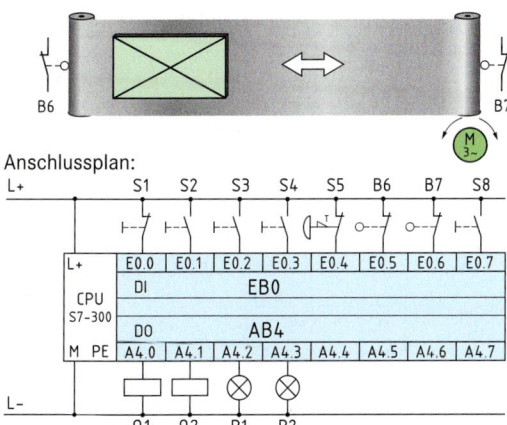

Anschlussplan:

Zuordnungsliste

Symbol	Operand	Kommentar
S1	E 0.0	Aus-Taster (NC)
S2	E 0.1	Ein-Taster (NO)
S3	E 0.2	Links fahren (NO)
S4	E 0.3	Rechts fahren (NO)
S5	E 0.4	Not-Aus-Rückmeldung (NC)
B6	E 0.5	Endlage links (NC)
B7	E 0.6	Endlage rechts (NC)
S8	E 0.7	Störung quittieren (NO)
Q1	A 4.0	Motorschütz Linksfahrt
Q2	A 4.1	Motorschütz Rechtsfahrt
P1	A 4.2	Meldung Linksfahrt
P2	A 4.3	Meldung Rechtsfahrt

---

1   Beseitigung von Softwarefehlern

Folgender Programmauszug ist Teil des Gesamtprogramms zur Steuerung des Transportbandes:

Netzwerk 1: Merker M5.0 Betriebsbereitschaft

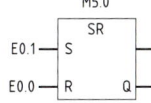

Netzwerk 2: Linksfahrt des Transportbandes

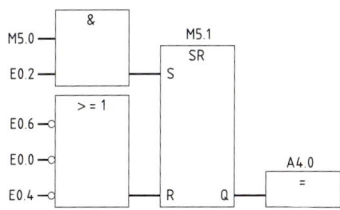

a) Beschreiben Sie die Funktion der beiden Netzwerke.
b) Finden Sie die Programmfehler heraus und beseitigen Sie diese.

2   Sensoren überprüfen / Fehlerbeseitigung

Während der Inbetriebnahmephase des Transportbandes treten folgende Fehlreaktionen auf:
- Das Förderband stoppt unerwartet, obwohl keiner der Geber betätigt worden ist. Welche Geberfehler könnten vorliegen?
- Das Förderband kann öfters nicht gestartet werden, weder im Linksbetrieb noch im Rechtsbetrieb. Nach mehrmaligem Betätigen von S1 ist schließlich ein Start möglich.
- Das Band lässt sich nicht nach links starten, obwohl keine Ware auf dem Band liegt.
- Wenn der Taster S3 betätigt wird, fährt das Band nach rechts, bei Betätigung von S4 fährt das Band nach links.

Finden Sie mögliche Fehler heraus und beschreiben Sie deren Beseitigung.

3   Aktoren überprüfen

Sie sollen die korrekte Funktion der Aktoren prüfen:

a) Schreiben Sie ein Testprogramm, das die beiden Motorschütze Q1, Q2 im Tippbetrieb über die Taster S3 bzw. S4 ansteuert (s. Anschlussplan links). Die Taster sollen gegenseitig verriegelt werden, damit die beiden Schütze nicht gleichzeitig angesteuert werden können (Drehstrom-Kurzschluss!).

b) Beim Einsatz des Testprogramms aus a) ist die linke und rechte Fahrtrichtung des Bandes vertauscht. Welche Anschlussfehler könnten in der Anlage vorliegen?

c) Schreiben Sie ein Testprogramm zur Funktionsprüfung der Meldelampen:
   - Über S8 blinken die beiden Meldelampen im 1-Sekunden-Takt (Taktmerker verwenden).

9.8 Steuerprogramm Bandförderer

1	**Transportband im Handbetrieb**	**FC 1**

Sie sollen einen Teil der Software für eine umfangreiche Kisten-Transportanlage programmieren. Als Teil dieses Projektes ist die Software für ein reversierbares Transportband (s. Technologieschema) zu erstellen.

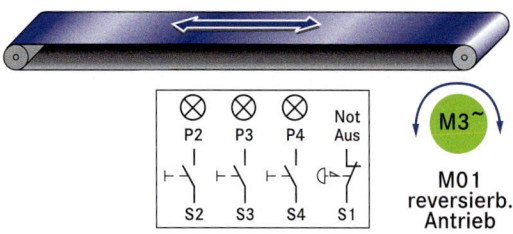

Die SPS zur Steuerung des Bandes wird auch noch für andere Anlagenteile verwendet. Deshalb hat der Projektleiter die Belegung der Eingangs-/Ausgangsbits für das Transportband folgendermaßen festgelegt.

Ein-/Ausgangsbelegung der Förderstrecke:

Operand	Symbol	Kommentar
E x.1	–S1	Taster „Not-Aus"
E x.2	–S2	Taster Bedienpult links (grün)
E x.3	–S3	Taster Bedienpult Mitte (rot)
E x.4	–S4	Taster Bedienpult rechts (grün)
A z.2	–P2	Meldelampe Bedienpult links (grün)
A z.3	–P3	Meldelampe Bedienpult Mitte (rot)
A z.4	–P4	Meldelampe Bedienpult rechts (grün)
A z.6	–Q2	Motorschütz Rechtslauf
A z.7	–Q3	Motorschütz Linkslauf

CPU 314: x = 124; z = 124   CPU 315: x = 0; z = 4

Auftrag:

Um die Hardware zu testen, schreiben Sie ein einfaches Programm (FC 1), bei dem der Motor so lange laufen soll, wie –S2 (Linkslauf) oder –S4 (Rechtslauf) betätigt wird.

Beim Loslassen des jeweiligen Tasters oder wenn –S1 (Not-Aus) betätigt wird, bleibt der Antrieb augenblicklich stehen.

Man nennt diesen Ablauf **Tippbetrieb**. In der Praxis verwendet man den Tippbetrieb zur Feststellung der Drehrichtung von Antrieben während der Inbetriebnahmephase. Falls ein Antrieb in falscher Richtung dreht, schaltet er mit dem Loslassen der Taste sofort ab, so dass Schäden an der Anlage vermieden werden.

2	**Automatischer STOP am Band-Ende**	**FC 2**

Das Förderband aus Beispiel 1 ist auch mit Sensoren bestückt. Der Sensor B04 gibt ein „1"-Signal ab, sobald Ware am rechten Band-Ende angelangt ist.

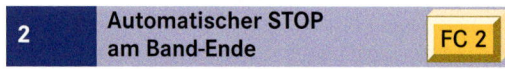
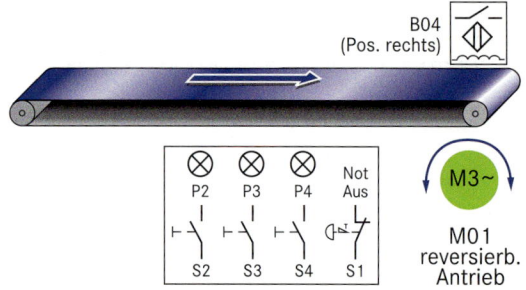

Die Zuordnungsliste erweitert sich um den Initiator B04:

Operand	Symbol	Kommentar
E x.1	–S1	Taster „Not-Aus"
E x.2	–S2	Taster Bedienpult links (grün)
E x.3	–S3	Taster Bedienpult Mitte (rot)
E x.4	–S4	Taster Bedienpult rechts (grün)
E y.4	–B04	Initiator Band-Ende rechts
A z.2	–P2	Meldelampe Bedienpult links (grün)
A z.3	–P3	Meldelampe Bedienpult Mitte (rot)
A z.4	–P4	Meldelampe Bedienpult rechts (grün)
A z.6	–Q2	Motorschütz Rechtslauf
A z.7	–Q3	Motorschütz Linkslauf

CPU 314: x = 124; y = 125   CPU 315: x = 0; y = 1; z = 4

Auftrag:

Schreiben Sie ein Programm (FC 2), das den Motor dauerhaft im Rechtslauf einschaltet, sobald –S4 (Bedienpult rechts) kurzzeitig betätigt wird.

Bei Ankunft des Fördergutes an –B04 oder wenn –S1 (Not-Aus) betätigt wird, soll der Antrieb augenblicklich stoppen.

Zeigen Sie den Betrieb des Bandes mit der Lampe –P4 an, deren Ausgang parallel zum Ausgang des Antriebs (-Q2) liegen kann.

In der Praxis verwendet man ein derartiges Programm dazu, um z. B. Paletten aus einer Werkshalle auf eine LKW-Rampe zu transportieren, wo diese automatisch stoppen sollen.

| 3 | Automatischer Fahrtrichtungswechsel | FC 3 |

In dieser Aufgabe stehen an beiden Enden des Bandes Sensoren zur Verfügung. Sie ermöglichen ein Anhalten des Bandes in beiden Förderrichtungen.

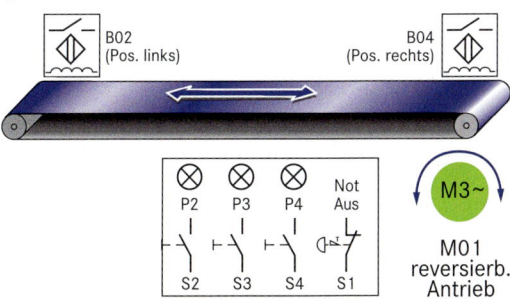

Operand	Symbol	Kommentar
E x.1	–S1	Taster „Not-Aus"
E x.2	–S2	Taster Bedienpult links (grün)
E x.3	–S3	Taster Bedienpult Mitte (rot)
E x.4	–S4	Taster Bedienpult rechts (grün)
E y.2	–B02	Initiator Band-Ende links
E y.4	–B04	Initiator Band-Ende rechts
A z.2	–P2	Meldelampe Bedienpult links (grün)
A z.3	–P3	Meldelampe Bedienpult Mitte (rot)
A z.4	–P4	Meldelampe Bedienpult rechts (grün)
A z.6	–Q2	Motorschütz Rechtslauf
A z.7	–Q3	Motorschütz Linkslauf

CPU 314: x = 124; y = 125; z = 124   CPU 315: x = 0; y = 1; z = 4

Auftrag:

a) Kopieren Sie FC2 als neuen Baustein FC3. (Dies erfolgt im Bausteinecontainer mit Hilfe der rechten Maustaste.)

b) Erweitern Sie FC3 um neue Netzwerke, die auch einen Linkslauf erlauben.
   Linkslauf soll mit –S2 gestartet werden und mit –B02 bzw. –S1 stoppen.
   Der Rechtslauf bleibt wie unter Aufgabe 2 beschrieben. Richtungsanzeige mit –P2/–P4! Nun können Sie das Band in beiden Richtungen laufen lassen.

c) Erweitern Sie das Programm so, dass ein Stop des Antriebes auch mit –S3 (zusätzlich zu Not-Aus) möglich ist.

d) Erweitern Sie das Programm schließlich so, dass die Ware jeweils am Band-Ende umkehrt und wieder in die andere Richtung fährt. Der Behälter pendelt somit ständig zwischen den zwei Endpunkten, bis der Bediener den Vorgang mit –S3 stoppt, um das Band zu entleeren.

| 4 | Zwischenstopp in Mittelposition | FC 4 |

In der Bandmitte soll ebenfalls ein Sensor angebracht sein. Dieser ermöglicht es z. B. hier einen Behälter anzuhalten, um den Inhalt zu kontrollieren oder Waren zu entnehmen.

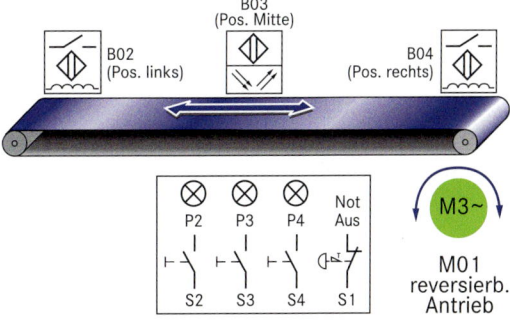

Operand	Symbol	Kommentar
E x.1	–S1	Taster „Not-Aus"
E x.2	–S2	Taster Bedienpult links (grün)
E x.3	–S3	Taster Bedienpult Mitte (rot)
E x.4	–S4	Taster Bedienpult rechts (grün)
E y.2	–B02	Initiator Band-Ende links
E y.3	–B03	Initiator Band-Mitte
E y.4	–B04	Initiator Band-Ende rechts
A z.2	–P2	Meldelampe Bedienpult links (grün)
A z.3	–P3	Meldelampe Bedienpult Mitte (rot)
A z.4	–P4	Meldelampe Bedienpult rechts (grün)
A z.6	–Q2	Motorschütz Rechtslauf
A z.7	–Q3	Motorschütz Linkslauf

CPU 314: x = 124; y = 125; z = 124   CPU 315: x = 0; y = 1 z = 4

Auftrag:

a) Kopieren Sie FC3 als neuen Baustein FC4. (Dies erfolgt im Bausteinecontainer mit Hilfe der rechten Maustaste.)
   Wichtig ist, dass Ihr Baustein einen Reversierbetrieb des Bandes ermöglicht.
   Es ist unerheblich, ob die Ware automatisch die Fahrtrichtung wechselt oder ob dies per Tastendruck ausgelöst wird.

b) Stoppen Sie die Ware jeweils in Mittelposition für 3 Sekunden. Verwenden Sie einen Timer „Verlängerter Impuls" (S–VIMP), der die Schütz-Ausgänge während dieser Zeit blockiert.

c) Steuern Sie mit –B03 einen Zähler an, der die Anzahl der Transportvorgänge erfasst.
   Der Zähler wird mit –S3 (Aus-Taster) oder –S1 (Not-Aus) zurückgesetzt.

Sachwortverzeichnis / index

Bildquellen

Siemens AG, Automation and Drives; www.automation.siemens.com/bilddb/

Know-how aus der Praxis

Umfassende Unterstützung für Lehrende in Bildungsstätten

Siemens Automation Cooperates with Education

Bei Siemens Automation Cooperates with Education (SCE) stehen Lernende und Lehrende im Mittelpunkt. SCE bietet Ihnen einen echten Mehrwert – in Form von Partnerschaften, Fachwissen oder Know-how für die Unterrichtsgestaltung. Wir unterstützen bei der Vermittlung von Wissen der Automatisierungs- und Antriebstechnik und ermöglichen damit einfaches und strukturiertes Lernen.

siemens.de/sce